心智的力量

The power of the mind

陆拾一 ◎ 著

做内心强大的女人

北京大学出版社
PEKING UNIVERSITY PRESS

内 容 简 介

人们常常困惑于：为什么道理都懂，可真遇到事情就做不到了呢？

很大程度上，这种差异不在于谁对理论的理解更深，而在于彼此心智的高低。

本书将带你洞悉心智的力量，它可以让你对人、事、物的认知更接近本质。不仅如此，它甚至反喜怒哀乐，爱恨痴怨。也就是说，心智是与人之本性在博弈，所以它非常强大。

浅显地讲，在你最痛，按说该哭的时候，心智却有能力让你反压眼泪，甚至自然而然地笑出来。心智的力量是灵活多变的，当你没有物理实力作为支撑时，比如物质、人脉、专业技能等，心智可以给你带来力量。

现在到处都在谈女性成长，可什么是成长？什么是长期甚至终身受益的精神影响力？是女性心智的觉醒与强大！

图书在版编目(CIP)数据

心智的力量：做内心强大的女人 / 陆拾一著．—北京：北京大学出版社，2022.10

ISBN 978-7-301-33449-2

Ⅰ．①心…　Ⅱ．①陆…　Ⅲ．①女性－成功心理－通俗读物　Ⅳ．① B848.4-49

中国版本图书馆 CIP 数据核字 (2022) 第 184072 号

书　　名　心智的力量：做内心强大的女人

XINZHI DE LILIANG：ZUO NEIXIN QIANGDA DE NÜREN

著作责任者　陆拾一　著

责 任 编 辑　王继伟　刘沈君

标 准 书 号　ISBN 978-7-301-33449-2

出 版 发 行　北京大学出版社

地　　址　北京市海淀区成府路205 号　100871

网　　址　http://www.pup.cn　　新浪微博：@ 北京大学出版社

电 子 信 箱　pup7@ pup.cn

电　　话　邮购部 010-62752015　发行部 010-62750672　编辑部 010-62570390

印 刷 者　三河市博文印刷有限公司

经 销 者　新华书店

720毫米×1092毫米　32开本　6.75印张　130千字

2022年10月第1版　2022年12月第3次印刷

印　　数　10001-16000 册

定　　价　59.00 元

自序

我喜欢爱恨分明这个词。爱就是爱，不模棱两可；恨也就是恨，不口是心非。个性鲜明的女子是烈酒一壶，星光一束，人间一美。

30 岁前我想活成自己最好的样子，30 岁后我想活出最舒服的自己。女人这辈子可能会成为父母的女儿、孩子的母亲、丈夫的妻子……但首先要成为自己。

这些年写作，我见过形形色色的人、千奇百怪的事。在这本书里，我撕开现实的一角，直白而真实地让你们看看什么是爱情、婚姻、生活的真相，什么是人的本性。

成年女性的强大源于清醒，软弱始于自欺。在这本书里，女人流着最真的泪，男人说着最真的话，十几万字，看尽善恶美丑。

在红尘俗世摸爬滚打，经历世事后，也许你失了天真，少了热情，丢了勇气，兜兜转转，徒留一身不成气候的沧桑。在这本书里，有你遗失的浪漫情怀，也有你深埋心底的赤诚之心，甚至是“胆大妄为”。

小女人陷于厨房，大女人行走四方。风情万种、心有乾坤的女人成了生活的强者、爱情的赢家、事业的宠儿……所以我想让你活得狠一点，烈一点，肆意但不妄为，知世故而不世故。

人生如江湖，行走江湖最重要的是道行。古人有言，工欲善其事，必先利其器。而道行，就是你行走人间的“器”。

年轻女性随心所欲，成熟女性随遇而安，是千帆阅尽的游刃有余，以及死里逃生的牢不可破。我一直建议女性不要害怕经历人生中的爱不得、求不到、离别苦……你的每一段经历最后都会支撑起你的绝代风华。曾几何时，我觉得“女人”是个名词，如今看来它更像是一个鲜活的动词。

品味百态人生，会哭会闹会伤会笑，完了烈酒一壶，薄棺一副，闭口不骂人间不值，总好过不哭不闹不伤不笑，木偶一生，完了一身麻衣，葬。

当代女性已经不太满足于情情爱爱了，她们还需要事业上的拼搏、知识上的跋涉、心灵上的自由。闲时去海角喝一壶酒，去天涯发一发呆，与苍天谈笑，与大地拥抱，与山河亲吻。

愿你读完此书，能成为一个真正强大的女性！

目录 Contents

Chapter 01
第一章

胸怀里只有柔情万千是远远不够的

Chapter 02
第二章

认知越少，相信的东西越绝对

Chapter 03
第三章

思考的导向永远是事实，而不是你愿意相信什么

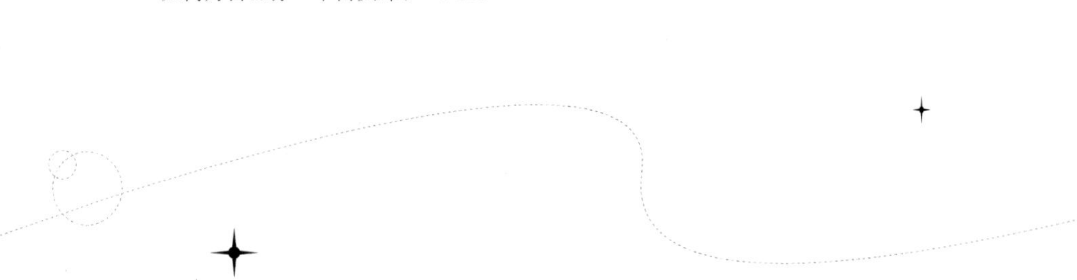

Chapter 04
第四章

在获得的过程中，很多经历都是反人性的

Chapter 第五章 05

人应该越活越像水，具有千变万化的流态

成长是见过人心，亦见过人性

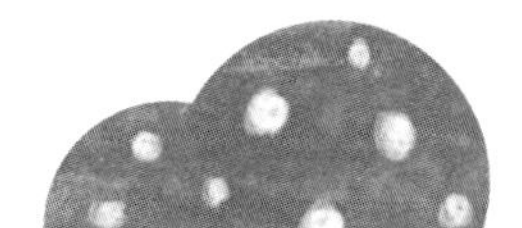

Chapter 01

第一章

胸怀里只有柔情万千是远远不够的

觉得自己过得不好？
你需要换一套逻辑与生活相处

我曾无数次与人谈及思维的重要性，压迫我们的往往不是生活本身，而是你对生活的认知给了生活欺负你的机会。

如果你目前遵循的生活法则并没有让你过得更好，可能你需要更换一套思维逻辑去与生活相处。

我对“洗脑”这个词的态度比较中立。当我意识到自己的认知不适应当下境况时，我会给自己“洗脑”。

第一，匹夫无罪，怀璧其罪。

这八个字，可以释怀很多委屈。

你是一个职场新人，领导的决定让公司蒙受了损失，又让你背锅，挨了骂，你很委屈；你赚了钱，亲戚找你借钱，你因为某些原因没有借，亲戚说你无情无义，你同样很委屈；你是一个女人，没伤害过谁，但却被男人骗了感情，你依旧委屈。

委屈的时候，我们认为自己是无辜的，但其实并不无辜，我们都是怀璧的匹夫。我们当时的身份、地位、形象，或者说对外表露出来的信息，就是我们怀里的“璧”。

一棵树好好地生长着，被人砍了做板凳，树做错了什么？并没有，只是因为它是一棵树，木头所带来的价值就是树怀里的“璧”。

每一个人怀里都有各种各样的“璧”，我们所遭遇的种种、得到的种种，皆因“璧”而起。

你因它而得到的时候，觉得它跟你有关系；你因它而失去的时候，怎么就不承认这层关系了呢？这是因为第三方的介入，让你找到了可以替代“璧”的依托点。

但这一切的本质，是“璧”。你要是公司领导的领导，就不会挨骂。你要是棵小草，就不会被砍做板凳。

这其实是一个很高纬度的自然理论，跳出我们的身份、情感、认知，甚至是属性，从上往下看，就能理解这个自然理论的合理化。

我们为什么会有七情六欲？因为我们是“人”，就算你什么都没有做，但人这种高级动物属性所带来的自然现象，你无可避免。像其他动物，它们就不为金钱、名利等苦恼。

“匹夫无罪，怀璧其罪”，当你深陷情绪的泥潭时，试着用这八个字放自己一条生路吧。

第二，流动和静止。

总有人问我，如何才能忘掉一个人？曾经我对此的处理方式是比较粗暴的，当我下定决心要忘掉一个人的那一刻，必然是切断与其的所有联系，强迫自己不想、不念、不提及。

我的心够硬，这种思路适合我。但现在我也是三十几岁的人了，没有年轻时那么心高气傲。心，似乎也软了几分。不仅是对别人，也包括对自己。对于“下狠手”这种事，我开始选择性地做。

对于伤及“命脉”的隐患，必须除之而后快。可若并非“命脉”，如今的我反而会用温水煮青蛙的方法，煮着煮着，青蛙总会死。操之过急，反而会非常难受。人的年纪越往上走，越不喜欢难受。

如何忘掉一个人？慢慢忘。因为爱情于我而言，并非“命脉”。但如果你视爱情为生命，那温水煮青蛙就不适合你。

流动和静止主要想写给一些耿耿于怀、念念不忘的伤心人。在时间的长河里，万物可以用静止和流动来形容。

也许你希望他对你永不变心，始终如一。但这不可能，大家心里都有数。为什么不可能呢？你要想不通，就算接受了也只是妥协，而不是真正释怀。

妥协的人，往往是沮丧的。他们常说：“爱情没意思，反正又不会长久。不想谈恋爱，到头来都要分手。”而理解爱情的人，不会这么认为。他们是积极的、阳光的，对万事万物的珍惜度、渴望度更高。

什么东西无法停留？流动的、新鲜的事物，人就是这样的，我们身上的一切特质，像感情、思维、认知、喜好……都在流动、变化。死物才会永远止步不前，一成不变。

善变！用人性去解释不够精准，这是静止和流动的区别。不只人善变，一切活物都是如此。

我没有说过亲情一定高于爱情。二者虽然都在流动，可亲情是血脉相连的，自然规律将其写进了人类基因。它是原始化的感情，爱情是后天产生的感情。

亲情在人类进化史上的历史更久，看看现在的动物就能理解，在它们身上不一定能看到爱情，但你应该见过舐犊之情。

所以，我个人从来不觉得夫妻关系一定要高于亲子关系，这是对亲情在人类发展史上的重要性的最大漠视。事实上，无数真实案例也在证明：我们做不到夫妻关系高于亲子关系。

你问 100 个女人，孩子重要还是丈夫重要？你再问 100 个男人，妻子重要还是孩子重要？得到的答案是选择孩子的为大多数。

我们无法抗拒基因里带出来的原始情感，后天关系不可能与之抗衡。贸然提出夫妻关系高于亲子关系，并不利于家庭和谐。做媳妇的，没必要跟婆婆争宠。做老公的，也不要总不满妻子对亲妈比对你妈好。你们的对手不是你的丈夫 / 妻子，而是亲情的历史遗留与深入。

大多数人在爱情里流的眼泪比在亲情里的要多。为什么呢？因为亲情更浓厚、更淳朴，它不会或者很少伤害你。

我也见过一些不可靠的亲情，大多是腐朽文化所带来的认知局限，比如重男轻女，打压式教育……但这些都不是亲情的本来模样。

说这些，只是想告诉那些为爱情肝肠寸断的人，你们真的把爱情捧得太高，看得太重了。它只是人类文明后因生育传承而滋生出来的感性情感与精神调剂。

爱情能有多伟大，取决于你有多渺小。爱情能有多渺小，取决于你有多强大。

了解科学知识的朋友应该都知道，宇宙真的很大，在宇宙的维度，人类乃至整个地球所发生的事，都是微不足道的。我们只有一次生命，只是宇宙中连一粒沙子都算不上的地球上的渺小生物之一。我们就这么大一点，何必去放大爱情？

极尽可能好好过完你这短短的一生吧！

第三，爱与被爱。

奉劝未婚的年轻女性不要盲目信奉一些世俗的情感观点。

比如让你在男人面前，不要表现得懂事、大度、矜持、独立、能干……要显得难搞又娇弱。不要听这些，真正优质的男人根本不会被这套劣质的路数吸引。

如果你想得到一份高质量的情感，找到能与你共鸣的灵魂伴侣，那么你首先要展示的是女性的优势、亮点、长处。然后在关系深入时，你又需要适当表现出自己的弱点，给予他人接受和消化的时间。

只是扬长避短的做法，一定不会是对待长期关系的做法。在未来，那些被你掩盖的弱点，就是你给这段关系埋下的隐患。

懂事、大度、矜持、独立、能干，哪一个不是非常好的品质？

都说在男人面前太乖巧懂事，更容易自食恶果。但事实是，成熟女性展示的懂事和大度，一定是基于优质的伴侣、健康的关系、合理的尺度、良性的认知。

换位思考，你真的愿意接受不懂事、不大度、不矜持、不独立、不能干的男人吗？

用情的最高境界，一定是诛心。

女人要学会去爱，以及被爱。被爱时，不扬扬自得，不只会索取；去爱时，要自信满满，阳光积极。

尊重及维系伴侣的尊严、人格、情意，而不是拼命地去用一些莫须有的高冷和任性，来证明自己并不缺爱。

第四，抱着双赢的态度下注。

有些女性，感情不好、生活不顺、事业无成，不一定是没有翻身的机会，更多的是她们的人生定位有问题。

如果我们生活的世界是庄家，那永远都要我们自己先下注。你不下注，根本没有下场玩的机会，自然不会赢。

我见过太多姑娘，不管是对感情、事业还是生活，总是缺乏耐力、自信、魄力与格局。说话没气度，做事没风度，有问题不解决，碰到事就退缩。没有双赢的意识，只考虑眼前的得失。

这样的人，既交不到朋友，又找不到依靠，没人愿意跟你玩儿。

正因如此，她们反而更容易演独角戏，演着演着就认为自己是世界的主角。这是很可怕的恶性循环。如果你目前已经有了这种苗头，请务必每日自问“我是谁”。

我喜欢一句话，“教育的本质是唤醒和点燃”。

最后要说的是，不要指望任何人的良心，做人做事时遵循的逻辑不应该是“他或许是个好人吧”。

这种想法有些悲观，但悲观却是非常长远的考虑。只有当你不依靠别人的良知时，才能更好地接受人性的不完美。

生活就是将凝视天空的目光，转移到土地上

如果你问一个人，对目前的生活是否满意。就算在别人眼里过得不错的人，也往往能挑出一些不满意的地方。“生活品质”这四个字，随着物质条件的满足，经常被大众提及。挑剔的背后，源于对品质的渴望。

日子，就像房间，时不时需要收拾一下；否则很容易一地狼藉，布满灰尘。届时再有心打扫，都不知从何下手。

这些年从宏观的生活观念，落到了微观的生活细节，我发现了很多平凡日子里的小确幸。

于生活——

我很喜欢《教父》这部电影，几乎每年都会看一遍。电影里每代教父都有一个理念，家庭永远值得守护。

我爱自己的家人，也愿意为之奋斗。努力的初级目标，是有实力保护自己。而高级目标，一定是有能力庇护他人。我逐渐从一个需要在别人羽翼下成长的小女生，蜕变为一个可以真正去捍卫所爱之人的成熟女性。

如今的我，单身，还未成家。但我想，若某天一个人真能成为我的枕边人，我定会倾尽全力给予他足够的尊重与守护。我付出的背后，一定是因为他有强大的人格魅力。

如今，“压榨”成了能人的代名词，“付出”成了蠢人的标志。我个人是万分不认同的。成熟对我最大的影响，不是我更现实，而是我更温柔了。我不再只会“要”，我开始学会“给”。

我很少提及让女人去寻找一个男人为自己遮风挡雨的话题。我不是否定这种做法，我们也需要被保护，但我不想让大家把自己仅仅定位在那个层面。

要让女人强大，不仅是眼界的提升、格局的放大、实力的增强、心智的觉醒、策略的正确，还包括懂得爱人爱己。

一个人之所以能压下人的劣根性，不完全靠控制力，真正起作用的，是人的格局。

世界上，有人富有，有人贫穷，有人优秀，有人平庸，但每个人，都应该有一种不与劣根为伍的桀骜性格。

前几年，我没那么在乎健康。因为年轻，有恃无恐。这几年，我的身体虽然没出大毛病，可依旧后悔曾经对健康的漠视。如果你的生活习惯不好，建议你花点心思纠正。因为人在疾病面前，没有尊严。

品质的生活一部分靠金钱与审美，一部分靠健康的作息、良好的习惯、规律的饮食。

人的生活方式千姿百态，但有的方式就是不健康的，在强调我的生活我做主的个性时，也要成熟地想想，这样放纵的生活，你能做主多久？

食物的营养搭配、基础的医理常识，是人在生活中必备的一些小技能。也许你很忙，活着就已经让你用尽全力，哪还有多余精力去考虑活得怎样。时间不是挤出来的，而是管理出来的。将自己的时间做一个合理分配，也许能挤出一些被你浪费掉的时间。

我很注重睡眠，人的精神状态一部分取决于心情，另一部分取决于睡眠。如果条件允许，我建议大家给自己买些好的、亲肤透气的床上用品。配齐一套适合自己睡眠的床品，会给你的睡眠带来惊喜。

平时可以多选一些自己喜欢的小玩意儿，一个漂亮的杯子、一套精致的茶具……给生活一些小确幸。

晚上把刷手机的时间腾出来一些，好好洗个澡，认真地做完护肤流程。也许开始不习惯，但习惯就是要慢慢养成的。让每天都吃早饭的人，哪天不吃，她会不适应。只要挺过习惯的形成期，之后的坚持就没有那么费力了。30 岁后的美丽和精致是天道酬勤。

于工作——

如果说生活上，你可以感性而柔软，那么在工作中，你就需要换上另一种姿态。生活中，做饭被油溅到，你可以娇气地放弃；但在工作中，即使被批评，你也最好不要有那么多负面的情绪。

你不想提从超市买回来的东西，那就不提，直接选配送，这是你对自己的宠爱。但你不想承担工作中的压力，直接放弃，这就是你对自己的纵容。

人的很多潜力，不是被激发出来的，而是被压制后反弹出来的。

幸福与否，的确与财富的多少没有绝对的关系。不是每个努力工作的人都能实现财富自由。

财富能相对稳定，就已经具备了幸福的基础。一切涉及利益的方面，都不太可能从头到尾一直简单、直接。很多人愤恨工作中的人心不古、尔虞我诈、过河拆桥等，无外乎是他们将生活或者情感中的观点用到了工作中。

可领域与领域之间是有差异的，在生活中你可以与世无争，但在工作中，这显然不行。喝汤用勺子，夹菜用筷子，什么工具用作什么事，什么时候用什么系统，心里要门儿清。

与此同时，很多女强人将在事业中的雷厉风行、力求第一的作风也用于感情中，这同样不行。一套特定领域的标准，一旦没有做到精准匹配，就会让标准丧失掉原有的价值。

在感情里，谈以心换心，有什么错呢？在“食物链”中，谈利益最大化，又有什么问题呢？我在谈工作时，不管方法多实用，都有人不认可；谈情感时，不管理念多完美，依旧有人不买账。原因就是，领域与标准没有对号入座。

于爱情——

最热烈的喜欢，莫过于初见时的美好。在这个阶段的男女，最容易萌发出不顾一切，必要相守到老的念头。

可这个阶段不管多美好、多热烈、多激情，本质上感情都是最脆弱的。就像很多陷入婚外情的男女一样，以为当时的感情很深厚，足以让你粉身碎骨、飞蛾扑火。

任何感情能真正沉淀到内心深处，变得深厚，绝不可能是荷尔蒙的高发期。只有一起相处、生活、经历之后，在岁月加持下沉淀出来的感情，才能称之为深厚。

在感情的初期，很喜欢一个人，可若失去他，或许没有失去一个一起共同生活几年，但只是一般喜欢的人那么难受。这就是时间的力量。让双方形成了潜移默化的习惯，剪不断理还乱的牵扯。

很多姑娘咨询我：喜欢上一个单身男士，在一起两三个月后他放弃了我，我难过得要死，不知道如何走出来，该怎么办？这种问题我很少回复，不是漠视她们的伤心，而是我知道这个阶段的伤心到底是什么分量。不需要多加干预，等时间到了，难过自然就淡了，没了。几个月的感情，真不至于深到哪去。

经过岁月洗礼的感情，虽然激情和热烈可能已不再，但它比初期时的热烈，更值得人奋不顾身。可现实却是截然相反，我们受情绪误导，将初期的新鲜和美好捧得太高，而将熟悉后沉淀下的感情看得太低。可以为了新人上九天揽月，下五洋捉鳖，却不愿意为陪伴自己多年的旧人安分守己，妥协退让。

我并非在否定每一段感情初期时的美好，我只是不想大家被它误导。热烈的喜欢与深厚的感情，不是一回事儿。

关于如何生活才幸福，标准大同小异，没有种类繁多的花样。年轻时，人人都很有个性，异想天开；成熟后，人与人之间的差别似乎就没那么大了。

二十几岁的我，总想着人生要如何出彩、特别、丰富。如今的我，想法越来越简单，只想踏实、健康、稳定、快乐地活着，越发倾向于实际，将凝视天空的目光，转移到土地上。

成熟，是可以多维度地看待世界

30 岁，是一个神奇的年龄。一半天真，一半成熟；一半安全，一半危险；一半是你，一半似乎又不是你。

30 岁是个形容词，是我们走向成熟的一个标志。本书并非只给 30 岁的人阅读，而是适合所有想要成熟的人。

成熟，需要我们可以多维地看待世界，理解世界的种种。

第一，理解痛苦。

很多时候，让你免于踩入陷阱的原因，不一定是你的智慧和眼力。还有可能是因为你曾经吃过的亏、尝过的苦、受过的伤。

如果天赋决定你的确不可能成为十分了不起的人，那能让你变得比较成功的基石也许是痛苦。

试过从二楼摔下去有多疼的猫，哪怕头脑十分愚笨，它也会明白，悬崖去不得。

世间万物都有多个维度，痛苦最明显的维度是负面的，若你只看这一个维度，那痛苦只会是痛苦。

但这并不意味着，我们要无端去寻找痛苦，而是要长记性。

痛苦过多，不会成为医治你的良药。相反，在有些情况下，它还可能让你变得恶毒和卑鄙。

一定程度的痛苦，才是良药。可毕竟是药，是药三分毒。

第二，理解真实的痛苦。

每个人或多或少，都有一定程度的幻想。幻想是一种精神上的造梦，适度的、健康的幻想可以让你的精神脱离现实，颇有些偷得浮生半日闲的意趣。

但某些人习惯性地沉沦幻想，跟别人才认识时，就幻想两人在一起的幸福。单身时，幻想爱情从天而降的幸运。遇到一点点欺骗时，幻想自己正在陷入惊天阴谋。

本来无伤大雅，可糟就糟在，他们会把幻想当成真实。

如同看小说时，你读到有人被背叛，便想象自己也有可能会遭遇这种背叛。你的假设或猜测无可厚非，但你因为假设和猜测而滋生的情绪却是真实的。比如，对他人的怀疑、对生活的沮丧、对爱情的失望……

不是不可以怀疑、沮丧、失望，而是——如果你要痛苦，怎么也应该是真实发生了让你痛苦的事件，而不是你想象中可能会发生痛苦，便提前去感受痛苦。

这种痛苦，无中生有，不值当。

才认识一个意向性对象，便幻想跟他在一起的幸福生活。幻想是假的，但那一刻你的喜悦的确是真的。乍一听，你没损失。

可你的喜悦是泡沫，不是对方给的，全是你自己想象出来的。当你用想象去代替对方实际性的付出时，你也难以真正收获他的付出。

痛苦和幸福，都应该建立在真实之上，痛苦要师出有名，幸福也应该证据确凿。

第三，理解时间。

30 岁以前，贪恋绿叶上的露珠，迷恋枝头上的红花，这样的喜爱很旖旎也很自由。

30 岁以后，你要明白露珠很漂亮，但经不起阳光。红花很美，但经不起时间。这些东西在年轻时喜爱即可。

成熟后的你，要试着欣赏伟岸的高山、浑厚的土地，而不是一夜即逝、一季即散的春色。

很多人提倡做人不要被年龄影响，这很理想，也很浪漫。但事实上，年龄的客观限制是必然存在的。

当然也有七八十岁的老人，潇洒地去跳伞、露营、自驾、谈飞蛾扑火的恋爱。

可现实中，绝大多数的老人都不具备跳伞、露营、自驾的身体素质，以及飞蛾扑火的心理素质。

客观认识这一点，比盲目推崇潇洒可能更恰当。

20 岁有的恋爱热情，不一定 30 岁、40 岁、50 岁时还有。谈适合自己年龄的恋爱，是岁月带给你的自知之明。

不仅仅是恋爱，很多领域都会刻上时间的印记，只有少数人例外。觉得自己很特殊，是大多数人的想当然。

第四，理解失去。

跟最爱的人分手了，以后你的世界再也没有这个人了，一想到这里，你就很痛苦。但换个角度想，以后的世界没有这个人了，但你认识他之前的世界里也没有他啊！

这个道理，大家想一想就能明白。可明白是一回事儿，做到又是另一回事儿。问题出在哪？对于我们而言，要么从未得到，要么从未失去。难就难在，得到后又失去了。

我们过不去的坎，不是失去了，而是本来拥有过，最后却失去了。

一个相貌普通的姑娘，对于自己容貌的在意程度如果是50%，那么一个本来美丽但最终失去美丽的姑娘，对自己容貌的在意程度一定会大于50%。

这种执念，很难完全消除。不是你的能力不够，而是那个人，的确在你的生命中留下了印记。

一些人总思索，在失去后要如何抹掉曾经的印记。平心而论，印记不容易抹，也不需要抹。我们需要考虑的是，如何安放它。我对于得到却又失去的人，从不强迫自己遗忘，也从不强制自己放弃需要。

我很务实，失去什么我会再找回来。所谓“找”，不是我失去A，就要去找回A；而是，我失去的是一个怎样的人，那么我就会再次去寻找同类的人。

听起来好像对下一任不公平，其实不是。人是分类型的，我们喜欢的可能只是一种类型，而类型是客观存在的。

我喜欢吃甜食，那所有甜食在我眼里就是一个类型。这不等同于，我会把提拉米苏当成芝士蛋糕。所以，不存在不公平。

当你觉得某个人不可替代时，在很大程度上，是因为你没有遇见跟他同类的人。对异性的喜好，可能会随着经历和年纪增长，有一些细微的变化，比如更喜欢身材好的、笑起来阳光的，但你喜欢的核心点通常不会变，如聪明、内敛、成熟。这样看来，你失去的仅仅是一个个例，并不是全部。

下面是两封 30 岁左右的读者的来信和我的回信，从中我们可以更清楚地明白年龄与心智之间的关系。

来信一：

我从小到大，都是一个乖乖女，现在三十多岁了，还很天真、幼稚。我也想长大，成为一个真正意义上懂人性，晓善恶的成熟女人。

这样可以让我在职场里，改掉只知道抱怨“人们为什么不帮助我”的孩子气。

在恋人变心时，改掉只知道哭诉“为什么爱一个人，不能一辈子”的执拗。

在我见识到人性另一面时，不会只用道德去绑架别人：“你为什么不善良？为什么不忠诚？为什么不友爱？为什么要功利、现实？”

我有试着让自己去理解别人，但我做不到。我不能理解为什么人不能永远友爱互助，也不能理解人这一生会爱几个人。

我觉得人应该简单，而不是复杂；应该直接，而不是多面。可这样的我，在现实社会里格格不入。我想改，可应该这么改呢？

回信：

看完你的表述，不可否认，你的确很天真。我不能说你错，只是感觉你的生存范围太窄了，只局限于自己的世界。

也不是不好，但人是流动的生物，我们要适应公众场合、人情世故、爱恨利欲。你要能一辈子都在自己的世界里，倒也无事。可自然界决定着人类不是封闭的死物。

很多人都说过要改变，改变懒惰、改变依赖、改变非黑即白的认知……

“改变”一词，嘴皮一动，就说出来了。但是，改变是有前提的。想要改变“爱情大过天”的想法，首先就要接受爱情并不是人生的全部。想要改变“人应该忠诚一辈子”的看法，首先就要接受人会变心的事实。

想要改变一些东西，前提是先接受很多东西。什么都不接受，拿什么去改变？我并非鼓励人一定要去了解人性的另一面，可若这一面是客观存在的事实，哪怕它并不如我们所愿，我们可以不用，但不能不懂。

我想起罗素的一段名言：

“关于智慧，不管你是在研究什么事物，还是思考在任何观点，只问自己，事实是什么，以及这些事实所证实的真理是什么，永远不要让自己被自己更愿意相信的或者相信后会对社会更加有益之类的想法所影响，只是单单去审视，什么才是事实。”

接受事实，有什么可耻的？相反，用一切美好的、理想化的、反人性的姿态去抗拒事实，才是可笑的。不管事实如何，都敢于接受的人，是很了不起的。

当一个人内心可以美好与遗憾、现实与幻想、薄情与深情、复杂与简单同存，且各行其道时，方为大器所成。

不会因为对生活的正面认知，而鄙视对生活的负面认知；也不会因为对生活的负面认知，而怀疑对生活的正面认知。

来信二：

我并不是一个很坚强的女人，也不想假装坚强。我害怕受感情的伤，害怕吃创业的苦，也受不了人生的平庸。

这些话说出来，恰恰证明了我的平庸。可情伤真的很痛，创业也真的很苦，人生的平庸像慢性毒药，我们在日积月累的自我怀疑中一点点地丧失光芒。

我是一个缺乏安全感的人，可我又向往天高海阔的生活。但那样的生活注定跌宕起伏，很壮丽，却不够安全。

我现在活得很没劲儿，干什么都兴致缺缺。有时候也想冲破一切，辞掉工作休息一下，想爱就爱，想走就走，想停就停。但我却没有那个勇气。

我的生活很压抑，令人不舒服，虽不至于断气，可也只剩一口气吊着我。

拾一，我想跟你聊聊。我不要分析，我就要你的鼓励。

这位读者的情况其实也是很多人存在的情况。我的确没必要分析什么，她们看似不懂，但都清楚自己的问题在哪。无外乎四个字：力不从心。

力不从心是人的常态，听起来也是一个很无奈的词。实则不然，它是一个很现实的写照。人的力，怎么可能满足人的心？我心里想拥有超能力，但我的力量满足不了。我想每个人都爱我，可我的力量也满足不了。我很想让爸爸妈妈活到 200 岁，遗憾的是，我的能力依然满足不了。想这个东西，是意识流。思维一动，念头就有了。可是，能力又是实实在在的现实存在。

因而，有一个词应运而生——力所能及。

把心里想的，控制在自己的力量范围内，能在一定程度上减少失望和期待。公主的裙子很漂亮，有钱人的房子很华丽，外面的世界很精彩……这些你都想要，但力不能及。不过，从头到尾都只知道按部就班的人，也是失败的。所以，我再说一个词——竭尽全力。

你说自己缺乏安全感，没有人不缺乏安全感。如果有人说她不缺，你不用听。恐惧这种东西，没有人可以逃避。

鸟儿一直待在窝里，会很安全，但这不是它们生长翅膀的意义；车子停在车库里最安全，但这同样不是买车的意义；人来到这个世界，在一间房里等死，更不是生命降生的意义。

代价这种东西，分短期和终身，没有不付出代价就能得到回报的。

比如因为一时的欲望，去借高利贷，你得到了一百万元存款，但这种代价是长久的，你的还款能力达不到利息的增长速度，无止境地利滚利，这种代价是长期的。

再如你想辞职三个月去环游世界，虽然我认为有些冲动，但也不得不承认，这种代价是短期的。

别想着一毛不拔就能得到想要的，既然注定要付出代价，那短期的代价，似乎也不是很糟糕的选择。

对年纪较小的读者，我主张个性，因为从女性成长来讲，培养出自己的个性是很重要的，个性是一种底色。

若底色打不好，不管后面我分享什么，你吸收后都会少几分自己的味道。因为，个性没有率先占领一席之地。有个性的加持，你才不会人云亦云。

对于成熟的女性，我侧重于心智的分享。心智是为了平衡个性，若心智不达标，没有分寸感的个性将会是一把作茧自缚的刀。

希望 30 岁的你，既有个性的底色，又有心智的成熟。

女人的自洽是柔软与坚硬、浪漫与严谨、温柔与冷漠并存

我曾发过一条朋友圈，内容为："已经忘记了有多久没对任何人说心里话了。"评论很多，归纳成一个意思：一个人长久不倾诉自己的内心，或者说无人聆听，这肯定很难受吧。人呀！还是得有几个知己好友，能够述说自己的心事。

但我在发那条朋友圈时，内心恰恰是骄傲的，而非伤感的。以前我心里藏不住话，难受时想找人说说，寂寞时想找人聊聊。我解决不了自己的问题，所以渴望外界给予援助。

后来自己成熟了一些，越发觉得这是一种意义不大的行为。我认为只要把心里的难过或迷茫说出来就舒服多了，效果是很低的。

我心里有很多事，想不明白的、无法释怀的、令我难过的……并不会把自己憋坏，但偶尔它们会"造反"，一窝蜂地钻出来"攻击"我。

不可否认，我会难受一阵子，但随着我再一次次地把它们“驯服”，我惊喜地发现自己的内心越来越宽阔与深沉。

如今，我不再喜欢倾诉，不管是为了宣泄还是想得到安慰。

我主观地认为，宣泄不过是一时麻痹。心里若真的有事，宣泄是没用的。问题在那，若不解决，随你怎么宣泄，问题依然存在。

例如，拮据的你现在需要交半年的房租，你出去吼一通宣泄一下，钱也不会莫名其妙地跑到你兜里。

一个长期习惯性宣泄的人，与自控力无缘。麻药是特殊性药物，剧痛时才适合拿来镇痛。也许你认为，自己的剧痛时刻太多，难道不能多次麻痹一下自己吗?

若真是这样，你要纠结的不是多次麻痹，而是你的人生为什么有那么多剧痛!

我颇有些喜欢在最痛时，逼着自己睁开眼睛，看清楚一切，感受所有的疼痛。那种置之死地而后生的悲壮，总让女人有种汹涌澎湃的血性。

一个女人，胸怀里只有柔情万千是远远不够的。这种强硬的自我重塑，并不适合内心过于脆弱的女人。

大多数女人越来越懂得宠爱自己，我也如此。但不敢溺爱，外人的温水不一定能煮死自己这只青蛙，但自己的温水大概率是可以的。

倾诉会不会得到安慰？我主观上认为概率不大。

能否安慰到别人，取决于一个人是否有相同的经历，或者有感同身受的悲悯之心，同时要看其是否具备足够成熟的语言技巧、心理认知、生命感悟。

缺一样，都不太可能成功安慰到一个人，更别说多个人。而且，就算你样样具备，但若需要被安慰的人整体段位高于你，你的安慰同样苍白无力。

一个人越是到处寻求安慰，越显得她的精神世界匮乏，所以谁都能安慰到她。精神世界越是丰富，越不适合寻求安慰。尤其是当这个人远远不如你时，她只会将你的烦恼理解成一个寻常的问题。

但作为被安慰的人，出于礼数，又没有立场去谴责安慰你的人水平不够。种种因素汇集到一起，我真的觉得倾诉和安慰，都没什么必要。

一个女人活得不好，跟她的头脑有莫大的关系。我无法系统化地告诉你，如何才能更聪明。因为聪明是相对的。

第一，一个女人的自知之明，决定了她做人做事时的聪明程度。

有很多姑娘都表示不想谈恋爱，干什么要找个人来降低自己的生活品质？这样的话经常可以听见，“生活品质”这四个字让女人们集体“沦陷”了。

我见过很多姑娘的生活，有些的确是高品质，但大多数姑娘的生活真的谈不上品质很高。

她们所谓的品质，多数局限于一个人吃饱喝足后可以购买1000元的口红、2000元的香水、3000元的服饰，享受没有约束的旅行等，只要你的生存责任感很低，谁都可以拥有这种所谓的生活品质。

真正的拉低生活品质，是影响到了你个人成长规划、生活方向、情感体验、生命延续等，而不仅仅是拉低了消费水平。

精致的利己主义，在如今这个时代，谈不上错。但没必要非加个名头上去，这就未免冠冕堂皇了。

大多数人在成家后的消费有所收敛，这不叫降低生活品质，而是责任带来的合理克制。一个人时，的确一人吃饱就全家不饿。但成家后，就不能只考虑自己了。

这不是什么传统思维对女性的束缚，更不是没有活出自我的妥协。说到底，这是一种责任。

第二，跟谁在一起舒服，就跟谁在一起。

我以前也常说这句话，后来觉得是自己大言不惭。从格局来讲，小了，只以自身去判断关系的选择与成立。从胸怀来讲，也小了，过于自我与浅薄，不够兼容与大气。

也不考虑别人跟我在一起舒不舒服，好像我特别厉害似的，那些人就站在那儿随我挑，谁让我舒服我就跟谁在一起。没准儿人家压根儿不稀罕和我在一起。

有时候我们跟一个人在一起不舒服，不一定是人家没有令我们舒服的能力与魅力。还有可能是，我们没让人家舒服，于是人家也不愿意迁就我们。

去反驳这句话很有风险，但凡不够冷静的读者都会误会我的初心。

我真不希望女人对待感情特别小气，一个独立而美丽的个体，应该是豁达宽广的。

你可以有一些利己的小心思，以及偶尔不够客观的任性，这都是一种无伤大雅的娇俏。但你若真希望得到一份优质的感情，在大方向上必须明确。

第三，不要对异性一直怀着怨恨。

对异性有怨恨的女人，都存在一个问题，她们习惯把曾经那段糟糕的感情经历和不负责任的男人，作为假想敌。当你先入为主后，你评判一切情感关系与人时，都会带着那些负面经历的印记。

我们常说，必须走出一段糟糕的过往。所谓走出，不一定是断绝联系、不再喜欢、彻底遗忘等，而是你还能找回未曾经历过糟糕的自己，这才是判断你是否真正走出来的基本依据。

女人的信任、柔情、爱意……不应该折损于一个糟糕的男人。这是成长的代价。

我也遇见过“渣男”，当时朋友问我，这会不会影响你对男人的看法，让你变得对男人怨念又消极。我当时的原话是：“就他？还不配。”

越是糟糕的男人，越不配让你肝肠寸断、怨气冲天、弃情绝爱。经历糟糕后，你只需忘掉不愉快的经历，调整自己的负面情绪。成熟的女人，从来不拿别人的错误惩罚自己。

对异性充满鄙视与否定，带来的不是同情与怜悯，而是外人对你个人经历的妄加揣测和肆意嘲笑。

第四，高不成低不就的人，可怜又可悲。

高不成低不就的人，无法说服自己接受平庸，但又无法激励自己脱胎换骨。她们每天都觉得自己的人生不该如此，但又不曾为此做出任何改变。

若有想改变的念头，第一个举动不是动脑子思考自己以后的路要怎么走，而是问别人自己要走怎样的路。

若别人真给你指点几条路，你又觉得："太难了，我做不到。""这个不太适合我，有没有其他选项？""这个可行，但下一步我又该怎么做？"……有时候别人不愿意帮助你，不是她们真的冷漠，而是你不愿意去尝试、去努力。

以前我反复提及一个观点：女人不要害怕去经历，你人生里的每一个故事，到最后都会支撑起你的绝代风华。

认知越少，你相信的东西就越绝对，因为你拿不出与之对立的观点去提升你的整体认知。

女人要自洽，柔软与坚硬、浪漫与严谨、温柔与冷漠、诚实与虚伪、天真与深沉……它们怎么就不能一起存在于你身上？

思维重塑，永远别认为自己是弱者

虽然我也是女人，但并不喜欢听“女人生来就是弱者”“这个社会对女人的恶意太多了”“永远都是女人在任人宰割”等千篇一律的丧气话。多关注我们应该做什么，如何做，从而让自身的价值得以体现，绝对比抱怨来得有用。

我巴不得每个女人脑子里都装有一台超级计算机，并配有杀毒软件，能抵御风险；内存也够大，可以储存很多知识、阅历、心得；还具备硬核处理器，能够高效运转，不卡机、不死机。

人左右不了自己认知之外的际遇或命运。我们会遇到什么样的难题，虽然不是命中注定的，但却是由自身的认知决定的。

认知让你信奉无瑕疵的爱情，那么爱情的瑕疵必然会成为你痛苦的根源；认知让你坚信付出必有回报，那没有回报的失落就是你不能承受的精神压力。

人与人之间的博弈，说到底就是这么回事儿。不仅仅是能力的碰撞，还包括见识的比拼、知识的较量、精神的角逐。

很多优秀的人都说过，思维（认知）若足够超前，就已经成功了一半。

分享一些思维重塑内容，适合成年人使用，内容黑白参半。

第一，人要习惯多用点好东西。

具体到衣食住行，这样无形中会拉高你对生活的期望值。有坏处，也有好处。坏处是，若心智不坚定，可能会迷失在物欲中。好处是，只要心智够成熟，就是生活品质的提高，可以带动你其他领域的成功，如工作和情感的品位与要求。

如今这个时代，女人就要活得有头脑、有要求、有品质。不管手里有多少钱，该花的别吝啬，不该花的别浪费。赚钱很辛苦，随意浪费很可耻。也因为赚钱很辛苦，不犒劳自己会很委屈。

第二，“人生得意须尽欢，莫使金樽空对月”。

人的寿命短短数十载，一切都是生不带来，死不带去。凡事看开点，还有什么能比生死重要的？

不喜欢你的男人，别死缠烂打。哪有什么真正让你活不下去的执念？在生命面前，任何情种都会被打回原形。

管不住的男人，为什么非要去管？不听话的男人，为什么非要去教？喜欢谁，就去试试。搞不定怎么办？放弃。不喜欢谁，就躲开。

世界从来不会给谁开后门，你也不例外。无可奈何的事情，要么认命，要么拼命。

但拼命之前要先想想值不值。多数人和事，在生命面前都是不值一提的。

第三，遇事，女人要先学会防守，再去进攻。

不知道如何防守，就贸然进攻的女人，没有胜算。防守是个人能力、学识、阅历、认知、格局、眼界、心智上的成熟体现。它保护你原有的“财产”不受波及与损失。

先安全，再创造，这是一个稳妥的步骤。除非创造的利益太大，我们可以先适当牺牲安全，以一个浪漫野心家的姿态，先行动后防守。

需要多问自己几句，值不值。值得与否是判断你的冲动有没有价值的第一要素。

为不值得的事和人，你的冲动，显得极其廉价。什么不顾一切、青春无悔，都是胡说。年轻时干的蠢事，会不会后悔，年轻时说了不算。总有些人年长后，想起自己以前干的蠢事，就恨不得掐死自己。

三思而后行，以价值开路，别让冲动惹祸，是让自己中年后不得脑血栓的最大保障。

第四，如果有人对不起我，伤害我，我大概率是不会原谅的。

道歉，是我最不需要的东西。它除了能绑架我的肚量，并不能消除我受到的伤害。原谅后才能放下，我个人是不太认同的。

人总是主观地认为，放下就意味着爱恨消失。爱消失了，但恨还存在，就等于你没放下。

爱的消失，可比恨容易多了。别人对我假情假意，我自然就不爱了，说消失就消失。但恨不同，我认为它是比爱更浓烈的一种情绪表达。

我想表达的是，如果你有放不下的恨意，就不要按照常理去绑架自己。做不到的东西就交给时间，交给经历，而不是拔苗助长，按照人类的最高境界去要求自己必须释怀、放下。

成熟女人，在某些情况下，可以逼迫自己，从而实现超速成长。但有些时候，应该放过自己。你毕竟，是一个有七情六欲的人。

第五，换一个角度看生命中的意外。

我曾经认为，哪怕是我很喜欢的人、事、物，若他们让我变得不像我喜欢的自己，那我也会干脆利落地与之切断联系。

我不喜欢别人来影响我的情感、喜好、未来。这样的人，太霸道，不够大气。

如今我换了个思路去看待问题，若人生一成不变，凡事皆在自己掌握之中，想必也是单调乏味的。

在可控中，人很难有所突破。恰恰是在失控时，聪明人更能摸索出人生的无限可能。若你对自己的心智没有足够的把握，如我前面所言，安全和稳妥才是最重要的。

生命中的意外，是危险还是机遇，因人而异。

第六，远离情绪化。

女人有时候容易情绪化，我们必须先意识到这个短板，才能克服它。

永远不要只听利己的言论。类似于“跟男人在一起，只考虑自己，为自己打算谋划”“不要用真心去爱男人，否则吃亏的是自己”“别付出，做做戏就行”……

利己的言论，听起来是最受用的，尤其是对失败者来说。但利己的言论，是你作茧自缚的第一源头。不管是从情感上还是从理性上讲，这都不符合相处的逻辑——互惠互利。

如果一个人真为你好，给你建议，那必须是以关心为基础，而不是以你的私心为起点。凡是一毛不拔、自私自利的人，都不可能成大事。

人的最终目的，一定是获取幸福。一个要获取幸福的人，不能太过自私和阴暗。从大局来说，幸福需要有一定程度的付出作为基础。

女人的目光不能短浅，否则你看到的幸福，也只能是当下的，远远无法想象多年后你会得到的结果。

种玉米，遇到种子好、土壤好，你的农业技术高，那你可能会丰收，也可能因为突发天气，颗粒无收。但不种种子，你绝对不可能收获玉米。

终生美丽，是我的人生信念

我在二十几岁的时候，不太热衷保养。我认为年轻就是资本，还没到需要保养的时候。

意识到自己得积极保养是在28岁，从那之后，我彻底改掉了只洗脸不护肤的习惯。好像没有什么艰难转变的过程，说坚持就坚持了好几年，直到今日。

坚持做美容是一件非常琐碎且需要自律的事情，在不坚持的人眼里看起来麻烦，消耗时间。于是，出现了一种声音："有那个工夫，我都看完一本书了。"或者说："我都给娃洗完几套衣服了。"再不然就说："我可不想活得那么累。"美其名曰："我自信，没有容貌焦虑。"

坦白地说，我有容貌焦虑症。从第一次意识到皱纹、法令纹出现，苹果肌下垂后，我的焦虑感越来越明显。我也思考过：为什么这么怕衰老？理由倒真没有那么复杂，无外乎就是想让自己更好看。

我从小就臭美，常常因为自己要梳一个漂亮的头发，而早早起床。

出门穿的衣服，哪怕只是一件休闲T恤，我都会熨得平平整整。鞋子必须擦拭得干干净净，才会穿上。当然，也绝不允许出现配饰不搭的情况。

我不是闲得没事干，抑或过于在意别人的眼光才如此在乎自己的形象。而是骨子里就佩服这样精致的女性，我也想做这样的人，也更喜欢这样的自己。

人人都在谈论活着的意义。难道只有思想上的追求、精神上的跋涉、情感上的共鸣，才算有意义吗？终生美丽，不算一种矜贵吗？

我知道，躺平很舒服。但我就是做不到，用餐后绝不会一直坐着。从夜夜宵夜，到午后禁食；从从不运动，到坚持运动；从不爱护肤，到日日护肤。

个人以为，顺其自然从某一个层面来讲，会让一部分对于人生不够积极、自我管理不够严格的人，有理所当然的空子可钻。

所谓顺其自然，是在能力范畴之外的听天由命。而不是当人力可干预时，自动放弃可能会达到的人生之巅。

想怎么过完这一生，都是可以的。我坚持我的想法，你也可以坚持你的想法。但我觉得，美丽、健康是好东西，我们完全可以加把劲儿，跟它们好好相处。它们就像生来感性的女人，必须哄着，体贴着，时刻惦念着。不然，绝对会跟你闹脾气。

部分女人把时间浪费在男人身上，查他们的星座、喜好、兴趣等。若人生中有些时光注定是要拿来浪费的，那为什么不先考虑是不是能让自己更好一点？

做女人，要懂得取悦自己。这话人人都会说，但那些取悦大多停留在如何让自己更开心。给自己花钱，她们是愿意的。

可出力吧，比如运动时流的汗，护肤时遭的罪，她们就不一定愿意了。连对自己都不想努力，又凭什么要求别人呢？

Chapter 02

第二章

认知越少，相信的东西越绝对

阅读不一定是快乐的，
它还会令人悲伤、愤怒、迷茫

我喜欢爱读书的人，一个长期阅读的人和长期不阅读的人，在谈吐和气质上有很大的区别。

我分享一下自己的阅读经历，以前觉得书里说的什么都对，读着读着，有了自己的想法，开始认为书里也不全对，但又说不出来哪里不对。再阅读一段时间后，想法更多了，有了“指手画脚”“说三道四”的苗头。这个阶段一过，又有了对阅读的敬畏感。

我学着从“评价”的角度，转为“分析”的角度。读书时，我总会提醒自己：有用拿走，无用的放下。但这种阅读方式，其实并不总适用。你认为有用的不一定会一直有用，你认为没用的，也不一定会一直没用。

阅读像食疗，需要营养均衡。去分析你认为“没用”的知识，这是一种脱离了阅读的“阅读”。

同样一本书，同样一篇文章，有人从中得到的多，有人从中得到的少，这就是阅读方式、理解程度、分析能力上的差别。

作为一个写作的人，很抗拒自己的文章别人阅读时一目十行，这意味着自己笔下写的每一个字，含金量都不高。含金量越高的文字，越需要逐字逐句地阅读。这又在很大程度上，让文章变得晦涩。

在你读书时，若觉得晦涩，可能不是文字本身的错，而是你的思考没有跟上作者的节奏，因此文字显得空泛且乏味。我 19 岁时读米兰·昆德拉的《不能承受的生命之轻》，当时很难读懂。

米兰·昆德拉在第一章以尼采讨论的“众劫回归”展开自己的看法，当时阅读的感受是，文章里的字每一个我都认识，但凑在一起，怎么就那么难理解呢？

我一个字一个字地读，但还是读不懂，不是我的方式不对，而是我的认知不够，还达不到去理解这本书的能力。

时至今日，我也经常会翻翻这本书。仅仅是前面一两章，每一次看都有截然不同的领悟。

哲学空泛之处在于，你不关注它也没太大影响；它伟大的地方在于，只要你关注，它居然很百搭，适用于你所遇见的每一个人、每一件事。

分享一下这本书的前面部分——

所谓“众劫回归”，就是想想我们经历过的事，再次重演，甚至无休止地重复下去，这癫狂的概念意味着什么？

第一次赚到一万元钱，你很高兴。可日复一日地重复下去，赚钱的趣味就淡了。不要认为只要每天赚钱，你就会一直开心。因为你是以没有赚到的立场在说这句话，真赚到了，你的立场也就不同了。

就像缺少粮食的时候，每顿能吃上白米饭是多么幸福呀，可当我们顿顿都能吃上后，白米饭带来的满足感就没有了，甚至现在有人还会为了身材苗条而节食。这在饥荒年代，是不敢想象的事。

你第一次跟喜欢的人在一起，你很满足。可日复一日地重复下去，你的满足感也就没有了。

你第一次受伤，很痛苦。可年复一年地受伤下去，你就不觉得是伤了。

哲学洞悉了万事万物的合理性生命周期，你的快乐和悲伤也有生命周期。

就拿爱情来说吧，不管你认为它可以永远令你快乐，还是永远令你悲伤；是永远令你怀疑，或是永远令你相信，都不会一直存在。你拥有爱情时，你在笑，不要以为能笑到最后；你失去爱情时，你在哭，也别以为你会哭到最后。

从这个层面来讲，哲学令人豁达。

与此同时，如果一个人、一件事，只出现一次，同样等于没有分量。

只有一次赚到一万元，那么这一万元也没什么分量。只有一次自信，也等于这自信无足轻重。你受过一次伤，但这种伤痛再也不会发生，那么这伤痛同样没必要耿耿于怀。

作者还用法国大革命举例，如果这次革命无休止地继续下去，那法国历史学家就不会对罗伯斯庇尔那么崇拜了。

正因为他们经历的事只有一次，没有无限重复。

有些人、有些事只能在你的生命里出现一次，你忘不掉，放不下，本质上你低迷的情绪是在跟它们的生命周期作对。

这本书令人回味的地方在于，每一次读都有不同的感受。也许下次再看，我得出的想法又不一样了。可能你现在看，想法与我不同，也许他现在看，想法又与你不同。

这就是哲学。它的所有结构，并不是让人判定作者的本意是什么。偶尔我跟朋友讨论哲学时，有人说人家讲的不是你那个意思。

我就没有兴趣跟他聊下去了，这就是读死书和活读书的区别。哲学的用途是让人思考和想象，而不是照搬或琢磨作者的想法。

它跟观点分析类的文章是不一样的，就连哲学家都经常在自己的哲学里，衍生出新的哲学。

很多人夸大了阅读的快乐，这也能理解，从小到大我们都被灌输“阅读令我快乐”的思维定式，但阅读不一定是快乐的，它还会令人悲伤、愤怒、迷茫。甚至有时它还像数学题，它看得懂你，你看不懂它。

一切以学习和丰富知识为导向的阅读，都是辛苦的，这种辛苦类似于我们小时候上课时的辛苦。

克服了这种辛苦，用心听课的孩子成了优等生，用心阅读的人成了精英。

但阅读只是阅读，它影响你的思维，却无法指导你的行为。懂得再多，若不落到实处，等于白读。但思维的提升又可以支配你的行为。你在一本书里获得了奋斗的动力，这种思维的转化会让大脑给行为发出指令，让你付诸行动。

如果说，学习是为了让大脑支配行为。那么不学习，就是行为支配大脑。

谁更有优势，一目了然。阅读不仅限于读书，还包括读人读事。读书是让你知其然，读人读事是让你知其所以然。

书中既有“一腔热血勤珍重，洒去犹能化碧涛”“天戴其苍，地履其黄。纵有千古，横有八荒。前途似海，来日方长”的豪迈；也有“不信但看筵中酒，杯杯先敬有钱人”“人情似纸张张薄，世事如棋局局新”“近水楼台先得月，向阳花木易为春”的现实；同样有“应是天仙狂醉，乱把白云揉碎”“花间一壶酒，独酌无相亲”的浪漫；更有“花谢花飞花满天，红消香断有谁怜”“白发三千丈，缘愁似个长”“欲买桂花同载酒，终不似，少年游”的悲戚。

“腹有诗书气自华”，愿每个人都能从阅读中寻找到自己的人生方向。

“快乐至上”这个观点有毒

很多女性读者问我：到底要如何做，才能活得更快乐？

很多人都不快乐，或者说快乐比较少。但不够快乐，又不等于他们不够幸福。

在多数人的认知里，快乐和幸福是一样的，但我认为它们还是有差异的。个人无病无灾、父母康健、家庭和谐、生活没有大的波折，这样的状态可称得上幸福。

哪怕你身在幸福中，也会经常不快乐。今天丢钱了，明天失恋了，后天吃亏了……处在女性生理期的莫名烦躁、日常闲暇的寂寞无聊……都可能会让你感到不快乐。

当我们明白这一点后，对他人就再也说不出“你身在福中不知福”的话来了。

福是福，乐是乐。我觉得自己是个幸福的人，但还真不敢夸口说我过得很快乐。

到底要怎样才能活得更快乐？两年前我看到这种问题会直接跳过，只会觉得对方的问题问得没头没脑。

我也在不断成长，此刻再看这种问题，真为我曾经的自以为是感到惭愧。那时的我根本意识不到这种看似抽象的问题，才是真正值得思考的问题。

但凡能够说清楚的问题，都不算什么棘手的问题。

我收到过一封特别的来信，就像一位女性好友在我面前，把心剥开，亮出里面的繁花似锦及满目疮痍。然后轻轻地跟我说，你看，这里有裂痕，也有坚韧。

来信：

拾一，远方的你，幸会至极。不记得是什么时候关注你，但我从未给你留过言。此刻是凌晨三点，我还未睡。看完你的一些文章后，我写了这封邮件。不知道它是会石沉大海，还是会水花轻溅。

我与你同龄，至今也是单身。长相算是姣好，气质比较出众，脑子不算愚笨，事业还算成功。我这样的人，是很多人眼中的佼佼者。可是你相信吗？我目前过得不幸福。

其实，我能感觉到你也不怎么幸福。或者说，我们这种人本就不容易幸福。我有挚友，但没有可以说心里话的人。凭我对你的了解，你一定懂这种矛盾。

说我生活空洞，但我又十分忙碌。说我生活丰富，但它又十分冷清。

我们都是生活在群居环境中的个体，但我至今有种无根的感觉。

我心里最深处的情感、情绪、经历、故事……无人可说，也无人能听。偶尔一个人时，会莫名为自己流泪，我不哭过往，也不哭未来，我只是哭现阶段的自己为什么这么孤单。

拾一，我也想过自己为什么会如此。不论是感性总结，还是理性分析，得到的答案都是：我缺少情感。我缺少很多温暖，这种温暖是没办法自给自足的。

我在30岁的年纪里，重新理解了“伴侣”这个词。所谓男女关系，所谓情之所爱，它始终是女人心中不可逆的一道光。

这种光，亲情、友情都代替不了。我可以把自己的生活安排得十分精彩，旅行、看书、学习充电、赚钱，但那始终是虚张声势掩耳盗铃的自欺欺人。

在我未经济自由之前，车子、房子、金钱占据了我生活的一切。在我可以从容养活自己之后，我不甘心只做一个能吃饱饭就满足的动物，我始终是一个人。

我接触过很多男人，被爱过也爱过别人。前两年我的事业如日中天，那时的我觉得自己强大到无懈可击。

我有信心一个人可以走完一生，有钱、有貌、有能力，时不时谈个恋爱，不用面对婚姻的一地鸡毛，也不用面对人心叵测，自由为大——这种生活难道不好吗？

拾一，它并不好。说它好的，都是连温饱也难保证的。茫茫人海，情感上的根，真的很难寻。

回信：

远方的你，见字如面。

或许在很多人眼里，你这段只言片语的倾诉是无病呻吟：这就是一个不穷的女人，在发着感情上的穷酸。但我懂，真的懂。早些年我喜欢读尼采，他有句话让我印象极深，大概意思是，一个有独特性的人，连他的痛苦都是独特的、深刻的，不易被人了解。别人的同情只会解除你痛苦的个人性，使之降低为平庸的烦恼，同时也就使你的人格遭到贬值。

实不相瞒，你的猜测是对的，我过得也不算幸福。在日常生活中会有人说，你很不错了，比起那些残障人士和身患重病者，不是幸运很多吗?

我个人十分排斥这种对比，我们是健康的人，不能和不健康的群体进行比较。这对对方不尊重，对我们也不合适。

你写了一封看似感性，但其实非常现实的来信。

你无根，你孤独。你心里缺少感情，缺少温暖。理论上一个优秀的女人是不缺少被爱的，但实际上我们都难以寻觅到心中所爱。

你现在所缺的东西，不是与人争、与环境争就能得到的，更多的要靠运气。你明白，所以你无能为力。我也无能为力，因此我们不容易幸福。

别人看到你是在追求一个伴侣，但我看见你是在追求一种精神。或者说得烟火气一些，你在追求一个家，一个不同于原生家庭的家。

有些很纯粹的东西，人类追求起来是有心无力的，无论阶层，皆是如此。

一个人在没有修炼出强大力量的时候，会认为力量强过一切。等慢慢有了些力量，又觉得需要更大的力量。当力量已经饱和之后，会发现力量原来也有天花板。与此同时，力量达到天花板了，可精神追求却能无限蔓延，但又没有力量去支撑。因为那种精神需求，超过了人力范畴。

我们都理解了这一点，所以我们一边生活着，一边惆怅着；一边接受着不太幸福的状态，一边又还在期待着奇迹。人力达到天花板后的幸福指数，都是触不可及的。精神力平庸之人的烦恼没有不平庸之辈的烦恼那么多。在命运之下，谁不是朝生暮死的蜉蝣。

我能理解你渴望爱，这绝不是孤单时期的渴望抱团。你走入另一个阶段了——“谋爱”。其实人这一生，反反复复只做着两件事，谋生和谋爱。

在物欲横流的时代，谋生被我们放在首位，谋爱倒成了过时的了。

我的内心还算富足，但也空了一块。这一块是我目前无法填满的，那就是爱情。

人的爱情到底值几分呢？世人解读爱情，千千万万，各有形态。谁也没错，谁也谈不上对。

每一个人的爱情观都取决于她目前的生活现状。

过得一地鸡毛的，不相信过得风花雪月的。过得情深似海的，不认同过得薄情寡义的。

一地鸡毛和薄情寡义的群体，以过来人的姿态说风花雪月及情深似海的群体：矫情。

如同你我现在的对话，或许在某些人眼里，同样是矫情。精神向往这种东西很难用具象的文字解释得一清二楚。

我不可能跟你说：现在的人，都不怎么样；男女关系，都不怎么长久。

这种看似现实的文字，只会把我们的话题拉低档次。因为我们谈的，本来就不是不怎么样的男人、不怎么样的关系。

我常常听到女性朋友们说："一个人生活多好呀！自己努力赚钱走世界，不婚不育保平安。"

一个女人在没有谋生之前去谋爱，是幼稚的、莽撞的。女人只有谋生之后，才适合、才懂得、才需要去谋爱。而谋爱比谋生难。

如今，在女人履行自立自强，不轻易相信男人的大部队里，我像个异类，因为我从不拒绝真正美好的爱情。

若没能遇到良人，我是坦然、释怀的。因为我为自己的感情开了大门，我对自己有交代。

一般来说，30 岁以上的女人，心里多多少少都有些伤口和遗憾。这是无可避免的，因为人生不可能完全如愿。这些伤口和遗憾，或许未来有人会为我们填充。如果没有，也没关系。

愿你圆满！

快乐是最有个性的人类情绪，很多时候它都不在常理与规则之中。这句话很重要，容我解释一下。比如，无私地帮助陌生人，这能让你感到快乐。但无私地帮助所有陌生人，又不符合人性有欲有求的常理。你想要通过帮助他人而获取快乐，首先就要跳出这种常理。若你做不到无欲无求，哪怕只是需要一句小小的谢谢，也足以证明无私帮助他人而使自己快乐的境界，你根本达不到，所以别勉强。

再说规则，比如规规矩矩地谈恋爱，你忠于我，我也忠于你。我爱你，你也爱我。我不否定两情相悦很快乐，但两情相悦疲倦时，你还想有情爱的快乐，那大多存在于规则之外。

所以，快乐是最有个性的人类情绪。很多时候，它都与常理与规则背道而驰。

可很多人又无法突破常理与规则，快乐对于被框住的我们，自然相对较少。

但框架这种东西，不存在贬义或褒义。它是一种集人文、社会、道德等为一体的尺度和界限。想要文明，前提一定是需要框架的约束。

我有一个朋友，目前的生活状况是吃不饱，但也饿不着。我对这个朋友说，在我们共同认识的人里，你最快乐。

朋友不解，最快乐的怎么不是最聪明、最富有、最美丽、最能干的那个人，而是她？

因为她最野蛮。“野蛮”这个词很有张力，用在不同的地方，会呈现出不同的意思。这里的“野蛮”，就是需要遵循的框架很少。

她跟谁闹了矛盾，可以叉着腰不管是不是在大街上，与对方对骂半个小时。不顾形象，不顾修养，出气第一。

她婆婆经常拿钱给小姑子用，她心里不爽，直接去找婆婆要。理由是，儿子女儿都是亲生的，你不能太偏心。

关键是，她婆婆并不需要他们为自己养老，就是心疼小女儿有先天性心脏病，没办法做太辛苦的工作，因而经常补贴她。

但她可不管这些，不讲道理，不要脸面，不尊老，只要小姑子拿一分，她就得拿一分。

丈夫月薪一万多，她可以一天花完，也不管丈夫赚钱辛不辛苦。丈夫要有怨言，她就一哭二闹三上吊。

这样的人，没有修养、情义、文化等框架的约束，做人做事都不被束缚，虽然行为不被认可，但你也不能否定这种人相对来说，当下她是快乐的。

这又涉及另一个维度的人生智慧，快乐是不是最重要的？

几乎每个人都听过，快乐最重要。

人活着，就是图个快乐。理想与现实，是经常被提及的词。但很多成年人，都没有从真正意义上去理解理想和现实。

人生的一些平衡，是需要牺牲快乐来换取的。快乐生来就占尽了所有优势，是名副其实的人生宠儿。

所以，牺牲快乐这话听起来不合情理、不知分寸。

为了平衡自己的人生，我经常牺牲快乐。我清楚目前要如何做才能更快乐，但我没有那么做。比如，我工作很累，但凡能够松懈一个月，我会快乐很多。可我没有贪图享乐，甚至牺牲了它，去平衡因工作不努力而可能带来的风险，比如失业。

“快乐至上”这个观点在我个人看来有毒。它的“毒”在于，不切合现实。

工作，要快乐才行，不快乐就没必要做。学习，也要快乐才行，不然就学不好。真的，大家定的起点太高了。高得让人认为，快乐成了所有事情的前提。

人生有很多事儿，本就不是为了让你快乐而存在的。工作是为了生存、产生社会价值的，这是它的使命。

你要搞清楚，我们所拥有的每一件东西的属性是什么，分别对应什么结果。只有这样，你才不会在特定的领域里去要求不合适的东西。

为了避免被错误地解读，大家一定要记住一句话：平衡才是首要准则。

可以为了工作而牺牲快乐，那同样可以为了快乐而牺牲工作。并没有固定要放弃谁，而是结合你此刻的情况，应该放弃谁才能平衡。

女孩子要多读书，多思考，多实践。就拿阅读来讲，真正有营养的阅读，不可能让你读出轻松感。

我想让女性从内心获得力量，它能让你平和、柔软、通透。

越成熟越不快乐?

我曾经收到一封来信，非常短，就几句话——

我是一个很成熟的女人。心智、能力、成就、地位都挺成熟的。现在很疑惑一个问题，如今的我，很难快乐，尤其是在男女感情里，成熟的女人对爱情有一定的理解，这种理解是剥夺我们快乐的根源。异性的缺点一目了然，成熟的女人无法说服自己睁一只眼闭一只眼。

请拾一不要误解，我是因为成熟所以沧桑。我的心和精神，都没有被沧桑侵蚀，我只是成熟了。都说成熟的人难以得到快乐，是因为比幼稚时更具有判断力，从而快乐减少。

在我的快乐越来越少后，我开始怀疑，成熟带来的判断力，真的好吗？成熟更重要，还是快乐更重要？我越发客观地去认识成熟的利弊，它并不是一种毫无缺陷的成长。

我根据对方的来信，对成熟与快乐之间的联系有了一些个人的想法，在这里分享给大家。

我有时候觉得年纪大一些后，挺没意思的。不成熟的女人，谁都骗不了。成熟的女人谁都可以骗，却唯独骗不了自己。

幼稚时，我很希望自己能做到不要自欺。在那个阶段，自欺欺人是损失极大的一种行为，幼稚的我买不起这个单。成熟后，想法又改变了，“一点都骗不了自己”偶尔也挺无趣的。

不能说可怜，也不能说沧桑，就只是一种无趣。这一点可不能理解偏了，一词之差，结果却天壤之别。

女人幼稚时，比如在感情里，最大的苦头莫过于，欺骗自己那个男人真心爱我。成熟后，最大的无趣却是无法欺骗自己，那个男人真心爱我。

人们常说，快乐是简单的，我要简单的快乐。我越来越觉得，快乐这种东西，一点都不简单。它和当事人息息相关。

比如一个女人，要想在感情里收获一份简单的快乐，可以不看物质、能力、思维、修养，只谈感情。这是一种简单又纯粹的快乐。可这么简单的东西，绝大多数人都做不到。

到底是什么样的认知，让很多人都认为，找一个相爱的人，一日三餐，日出而作日落而息，白头偕老，只是一种简单的快乐，还装作一副“我要求并不高”的样子？

说这种话的人，可真是简单啊。这种“简单”的快乐，从来都不“简单”。原因如下。

第一，成熟为快乐设定了诸多限制。

我这双眼睛，挺毒的。对方转一转眼睛，不敢说百分百，但大概就能看清楚他的意图。

我连情感上的烦恼都没有，几乎不会咨询朋友：“这个人说这样的话是什么意思？”“他这种行为代表什么？”“根据我目前的情况，应该怎么处理感情？”“我适合找什么样的人？”……很多问题，心里都门儿清，这让我感到很无趣。我连逢场作戏的机会都没有。

不自欺，无外乎是不上当。不上当，也就等于不吃亏。可有时候，我已经不是曾经的我，又不是吃不起那个亏。这时成熟是霸道的，它真的可以凌驾于你所有叛逆的小心思之上，像个监察员，不允许你做出不恰当的选择。

想成熟就成熟，想幼稚就幼稚。这种两者共存的情况的确有。前提是幼稚不足以让你付出较高的代价，这时成熟是不会干预幼稚的。一旦风险过高，成熟必定会对你的幼稚行为进行抑制，否则它也就不配叫成熟了。

我越来越肯定，不管是幼稚还是成熟，都是一种不够自由的状态。但这不应该被诟病，它是一种自然现象。

成熟让我设置了对外界事物的“高度排查”，因此我失去了很多简单的快乐。我不喜欢把快乐分为高级和低级，在我看来，这种分级就很不高级。

快乐是非常纯粹的东西。笑容和眼泪可以作假，只要演技到位。

但快乐不行，乐就是乐，愁就是愁。而快乐的获取渠道，却是多元化的。你被别人真心对待，可以收获到快乐。但在别人营造的虚假真心里，你就不能得到快乐吗？答案是可以的。当时的快乐，不管是怎么来的，你都无法否定在那一刻的你是快乐的。但成熟在意识到对方不够真诚时，就放弃了与对方逢场作戏的机会。

当事人这个阶段，我曾经有过。那会儿的我颇有些跟成熟较真，觉得“它”管得有点宽。我在成熟两年后才意识到这个弊端，最初我觉得成熟就是这样子，让我们学会权衡利弊后再取舍。

可后来我越发肯定，随着人的心智不断提升，成熟也分为好几个段位。而最终的段位是凌驾于成熟之上，让其为你所用。而不是成熟凌驾于你之上，把你框在成熟的位置上，被监测、检验、控制。

第二，拒绝让成熟凌驾于你之上。

这是一种非常微妙的精神争夺战。你若赢了，会在成熟上收获更多。

我前面用真心举了个例子。或许有人会侧重例子本身，而讨论一个问题：虽然套路里也能体验到真快乐，但这种快乐毕竟是短暂的，要来有何用？女人为什么非要睁一只眼闭一只眼？

为什么一定是睁一只眼闭一只眼，而不能是将计就计呢？由此可以把同一事物在心胸上的感受做出巨大的改变。睁一只眼闭一只眼就是初级成熟的后遗症，它在你的身心里设置了种种机制和条款。这时的你，就像背书一样在执行着成熟的命令。

可我不要。我要的是，我想成熟时，就成熟；我想幼稚时，成熟需随时待命。我知道这很难，但不影响我想要挑战“它”。

若你觉得自己很成熟，扪心自问一下：成熟有没有在控制你？它让你不要干这个，不要干那个，还会为你分析出一堆利弊结果。你从始至终，都被它牵着鼻子走。

说到这里，必须着重提醒一下，这个观点只适合非常成熟的人参考，从而晋级。若你本身还幼稚得很，心智也不够，那你就还没有筹码去叛逆。

甚至你可能领会不到我说的概念到了哪个阶段。只有真正成熟后的人才能明白，它扎根于身心，难以违逆，那绝对不是“鸡汤”里我想怎样就怎样的轻松。

在这个阶段里，人应该越活越像水，具有千变万化的流态。可以有任何形态，也可以任何形态都没有。我个人会撕掉一些自己觉得没有灵气的标签。

在我的认知里，若活成一片海，那我的悲伤和快乐，就都是浩瀚的。大多悲伤都出得去，大多快乐也进得来。

高情商并不是让所有人都觉得舒适

当年我毕业后去一家公司实习，特别佩服公司的一位女副总。她聪明、能干、坚韧，看问题很准。

有一次在茶水间，几个同事聊到她，认为她言辞尖锐、态度强硬，每次她做分享会的时候，她们都懒得听，不想看她的扑克脸。

那时我年纪小，不能反驳什么。但也隐隐觉得在2008年的薪资水平中，面对一个年薪三十万元拿公司分红的优秀女人，她们竟然只关注对方的态度如何，却不琢磨她说得如何。

怎么？人家教你，还要笑眯眯地哄着你学吗？你一哭，就赶紧哄你？

都说情商高的人能让所有人舒服，这个理论我以前就反驳过，聪明人也是有锋芒的，游刃有余不过是高情商的表现之一罢了，要不要在你面前展示则另当别论了。

也有一些女性遇到一个成功男士，对方的脑子那么值钱，她不想方设法学点东西，关注点全是男人晚上说那句话是什么意思，会不会喜欢我。这类人大多不会成功。

脑子和头是不一样的，有些人长的是脑子，有些人顶多长了个头。下面分享如何以成年人的方式“武装”你的思维，注意以下我的言论不一定都让你觉得舒适。

第一，能不能失去自我？能。

女人说过最多的一句话莫过于：不能为了男人失去自我。

有次与朋友聊天时我脱口而出“为什么我不能为了男人失去自我”。山本耀司有句话说得很好：“‘自己’是看不见的，撞上一些别的什么，反弹回来，才会了解‘自己’。”

说不能失去自我，那你清楚你的自我是什么吗？不管是面对爱情、工作、生活，那些迷茫、愚昧，甚至物化，都是自我里的东西，不过属于鸡肋。

如果有机缘遇到一些人、事、物，鸡肋属性被激发出来，然后“自我”被清洗、重建，要么给自己一颗糖作为奖励，要么扇自己一巴掌作为警醒，才能让你毫不留恋地抛弃那些鸡肋，得到一个更好的自我。

“自我”从来都不会一步登天，它是循序渐进、由劣到优的，谁都无法忽略过程而走捷径。那些在迷茫中摸爬滚打的女人，其实都是在渡劫。

重点在于，熬不熬得过那雷霆万钧。

所以，为什么不能失去自我？不失去，怎会明白什么叫自我？

第二，沟通并不能包治百病。

夫妻间有什么矛盾，要沟通。朋友间有什么问题，也要沟通。亲人间有什么摩擦，还要沟通。沟通好像成了“灵丹妙药”，一用见效。

太过放大沟通的作用，往往会吃尽沟通的苦头。

我一个闺蜜最喜欢沟通，只要跟老公有隔阂，她总会摆出一副知书达理的姿态：“我们不要争执，有任何问题一定要好好沟通，才能更好地经营我们的感情。”

这没有错。可她错就错在，做得太对了。物极必反，这个道理用在很多领域都适合。

以至于她老公出现了很强的逆反心理，只要她准备沟通时，她老公就本能地抗拒。是她沟通技巧不好吗？完全不至于。有时候对方不想沟通，只想静静。

这时最好的沟通方式就是尊重对方的意愿。女人最常挂在嘴边的莫过于：“你把话给我说清楚。”好像说清楚就没矛盾了，但你要知道：有些话，是说不清楚的。

再契合的两个人都有不一样的地方，不管是夫妻关系、朋友关系，还是亲情关系，你要允许也必须接受一定程度上的不和谐。

不要以为矛盾会埋下两人分道扬镳的种子，任何关系的不和谐程度只要控制在一定范围内，并不会结束一段健康的关系。相反，给摩擦留点生存空间，它或许还能点缀你的生活。

不吵架拌嘴的夫妻不太像夫妻。改掉事事都要沟通的毛病吧，那样子其实并不可爱。

沟通有一把戒尺，应该建立在双方舒服的基础上。不应该拘泥于语言形式，它还能用行为演绎。两个人都不说话，那么你可以用行为告诉对方：其实我并不喜欢你的某种方式。

第三，进步是为了更好地进化。

说些寻常的生活例子吧！我告诉你要学习英语，你说那么多人都会英语，以后英语的含金量并不高，就如同现在会说普通话不具备什么特别价值。

我告诉你女人应该终生美丽，护肤、运动、养生、塑形，你说某人那么漂亮还是被出轨了，所以终生美丽有什么用?

我建议你学习财商，你问我实用价值高不高，不高就不学。

我提醒你从小事做起，可你动不动就问我：“如何成就大事？”

进步是为了更好地进化，最开始大家都不会走，全是爬。当第一个人学会了站立，然后第二个、第三个、第四个……最终整个人类进化到直立行走。

以前没多少人能说好普通话，但现在普通话基本上普及了。会的人越来越多，这是整个大环境的影响。比如，全民开始有意识地学习双语。双语一旦普及，说不定又会开始进行多语言学习。

时代进步太快了，一旦你跟不上，那么进化的时候，你就没有容身之地。不能只想年轻时你会什么，还要想老了你还会什么！

现在的老人无法高效地融入互联网时代，可那代人还有为自己开脱的理由，毕竟他们不如咱们这代人拥有一个开阔且良好的学习环境。

若我们成了老人，又是否能融入未来那个时代？

《穷爸爸富爸爸》里有一句话，如果你想尽快学会一些事情，第一步就是要尽快承认自己不懂的那些事。

不怕人聪明，就怕人自作聪明。

第四，不要轻易测试人心。

在网上看到过一个这样的故事，一个女孩想要测试人心，她在人来人往的广场上举了一块牌子，上面写着：我是一个艾滋病患者，你可以给我一个拥抱吗？

整整一天，都没有人主动靠近她，甚至还有人对她指指点点。傍晚的时候，有个男孩走过来拥抱了她，女孩很感动地对他说了实话，并问他为什么愿意拥抱自己。男孩说："因为我也是一个艾滋病患者。"女孩一听，疯了一般地推开男孩，拔腿就跑。

你在测试人心，人心也在测试你。

年轻女孩真没必要过度测试男人对你有多真心，同为人，何必相互为难。心心相印，情比金坚，真的少到珍贵，偶尔大家表现得情真意切、激情满满，也不过是给彼此个面子，不要轻易揭穿，万事留有台阶，大家才能都顺着下来。

如果你遇见了真心，一定要牢牢抓住。不担心明日，不惶恐未来。多操心喜欢的人，少操无用的心。能走一程是幸运，只走半程是气运。

大家都是深山里的鹿，共同奔赴由生到死的不归途。修行嘛，还是得靠些自悟。

多少年之后，我们这代人尘埃落定，现在写下的文章、说过的话，曾经爱过的人、恨过的事，那些惶恐、执念、喜怒哀乐，统统烟消云散，消失得毫无踪迹。

可人间却岿然不动！

有道是，青山依旧在，几度夕阳红。

愿你万般珍视这短暂的一程！

现代社会也需要用“丛林法则”

要说男女之间最大的差距，莫过于彼此对丛林法则的适应度。从历史来看，自人类出现，我们就存在于丛林法则之中。

文明成形之前，因为原始力量的差距，男人具有先天的体力优势，占据了丛林法则的最高处。女人不得不依附于男人，以繁衍来维系生存。也就是说，男人在丛林法则中获取价值，女人在丛林法则中被压榨价值。这是女性进化中无可避免的低谷期。

不过没关系，现在不是那个时代了，我们应该感谢文明进步到可以脱离血肉之躯的蛮力对比，让头脑成为丛林法则中争夺的第一筹码。

动物界还没有进化至此，它们的丛林法则依然建立在蛮力之上，而非脑力。所以原始力量更庞大、更凶猛的雄性生物依然占据丛林法则的最高处，如雄狮。

为什么男人比女人更果断、更决绝、更理性？不是他们生来就优于女性，而是他们适应丛林法则的历史更悠久。

知其然但不知其所以然的人，会说女性要学习男性思维。知其然又知其所以然的人，会直接深入了解丛林法则。适当了解一些丛林法则可以让女性或多或少避免出现一些弱势群体会有的宿命。

什么是丛林法则？是指生物世界里的物竞天择、优胜劣汰、弱肉强食的规律法则。

它包括两个基本属性。

1. 自然属性。比如，生命是从女人的子宫中孕育的，女人具备哺乳的自然功能。

2. 社会属性。比如，能力的获取、资源的得到……与自然属性无关，社会属性决定男女都有可能成为得到者。

不懂丛林法则的女性很难客观理解这两种属性，于是滋生了不少怨天尤人的想法。

该正视自然属性的时候，她们避而不见。比如，女人要辛辛苦苦怀胎十月承受分娩之痛，男人却轻轻松松就当了爹。这太不公平了。

其实没什么不公平，这就是你的自然属性。

该正视社会属性的时候，她们又习惯用自然属性做挡箭牌。比如，我是女人，没有男人那么狠、那么绝，所以我才竞争不过他们。

你竞争不过，跟性别的自然属性没有关系。感性、软弱、犹豫……这些并不是女人的天性。而是因为我们参与丛林法则的时间更短，还没有完全培养出果断、决绝、理性……

接受你的自然属性，培养自己的社会属性，两者皆有才能进入丛林法则。

进入主题，给大家分享两个增强个人社会属性的观点。

第一，市场价值与私有价值。

你很漂亮，走在路上能赢得很多陌生异性的青睐。你以为这是你的私有价值，其实不然。他们看的不是你，而是美色。

这种青睐是两性市场给你的，叫市场的基础价值。也就是说，只要你达到市场价值的标准，就会自动收获这种青睐，根本不需要竞争。

这种市场的基础价值，做不得数，女人也不应该把它当回事。你漂亮，男人一窝蜂地跑来追求你。另一个女人也漂亮，男人又一窝蜂地跑去追求她。他们追求的不是某个女人，而是漂亮。

什么是私有价值？同样漂亮的两个女人，男人就是对你穷追不舍，对另一个则不以为意。因为你的私有价值，男人也会从市场的角度转化到私人的角度。

再举个形象点的例子，小区门口只有你这一家饭店，你什么宣传都不做，也每天都有人来吃，这是市场的基础价值决定的。某天，小区门口又开了一家饭店，顾客看见了，又去他家吃。

最后，你用了一些揽客技巧，客户就固定在你家吃饭了，这就是私有价值大过市场基础价值的体现。

部分女性搞不清楚这一点，以为有人追求，等于我有魅力。事实上，每个人都有对应的市场基础价值，吸引对应的人前来。

所以，每当我遇到咨询这类问题的都很头疼，如：“他最近经常找我，等不等于喜欢我？”“开始聊得很认真，之后就不了了之了，我是不是遇上‘渣男’了？”

这就是典型的混淆了市场基础价值和私有价值的表现。

第二，权威的形成。

从两性关系来看，目前女性缺少一种权威，权威的缺失让我们在丛林法则中总是处于被动的位置。

什么是权威？

就算这个男人不爱我，但也不敢敷衍我。就算他撒谎骗我，也是战战兢兢的。退一万步说，即使他出轨了，也不敢让我知道，这不是源于道德恐惧，而是伴侣的权威。

人们想要从伴侣身上得到什么，往往一味地寄托于爱情的浓度与婚姻的厚度，却忽视了权威的力量。

为了让伴侣更“乖”，人们可谓想尽了办法。于是男女陷入了一种尴尬的恶性循环，你不断地变换花样渴望留住男人的心，你的花样百出在不断地放大男人的胃口，你越花心思，他越难满足，周而复始。

不管你表现得如何风情万种，爱情的不确定性都很难保证你在两性关系中的分量，但权威一定能保证你在两性关系中的地位。

权威争的就是一个地位。它不是仅凭着一股子泼辣与蛮横就能达到目的的，而是一种有计划的布局。

如何形成女性权威？

1. 减少自己对男性的崇拜，增加男性对自己的崇拜。

很多两性关系技巧都说，男人需要被崇拜与被夸赞。女人一听，也不管对方是否值得被崇拜与夸赞，反正他们喜欢，我就做。

可到底是小女人的手笔，男人可能会因为虚荣的满足而提供给你短暂的温柔与呵护，而你却一直扮演着一个啦啦队的角色。

在丛林法则里，这就是谄媚的小角色，我们越崇拜男人（不论真假），男人越不会崇拜我们，还谈什么权威？

事实上，现今女人的崇拜含金量越来越低，甚至以后可能会达到让男人免疫的地步。

所有让女人盲目使用崇拜法去赢得男人心的建议，都有一种“长他人志气灭自己威风”的弊端。

需要女人崇拜，男人才厚爱，这是什么逻辑？不就是放弃权威而换来的恩赐吗？要知道，越强的人越不缺崇拜。在崇拜中飘飘然不知所以的男人，想来也不怎么样。

合理的崇拜，是两人关系中的润滑剂；而不合理的崇拜，是女性权威树立的障碍。

女人偶尔装傻充愣，撒娇卖萌，口不对心地讨好一下男人，完全没关系。但不能因小失大，你应该有一个长远的、格局化的地位框架规划。而不是每次想要男人为你做事时，都只知道说“老公你好棒”。事实上，你老公可能听两年就免疫了。

2. 用个人等级树立权威。

这是一个特别庸俗的现象，但它客观存在。

就好比你知识渊博，却刻意遮盖，不表现出来，大家不搭理你，而是去奉承文化人，不过是丛林法则中的“逐利”罢了。

有些轻视，通过权威的树立可以避免，那你就树立权威啊！把别人对自己的重视寄托在他的“一视同仁”上，实在有点理想化了。

不仅是知识，个人的颜值、能力、见解、资源……都是你树立权威的垫脚石。如果你什么都没有，那么权威与你无缘。

名利场的现实恰恰是生活中的不现实

我常常收到这样的留言，很多女性读者表示，相较于感情，自己更想知道怎么赚钱，那就聊聊名利吧！

每次写情感文章时，都有不少读者表示如今女性地位仍然不高，话语权不够，在婚姻中总是处于弱势地位。

在如今这个时代，男女性别都有特定的红利。你不能总是定格于性别缺陷，而忽视你所享受的红利。什么叫红利？比如，如今要求女人有车有房的男人更多，还是要求男人有车有房的女人更多？

女人常说，现在的男人也很现实，同样要看女人的物质条件。言辞中，好像男人这么要求女人是一种特别不应该的现象。从一定程度上讲，女人在这方面是有些双标的，但也不适合用对错去定义，这就是人性下的一种利己行为。

在男女都看物质的情况下，女性依然有性别红利。女人没车没房，相较于男人，你在婚姻市场上被嫌弃的可能性较低。性别红利有，对应的性别缺陷也有。总不能因为你是女人，所有好处都让你占了吧？

你总是抱怨时代不好，换个时代也是一样。我不是硬要女性豁达，而是抱怨时代就像抱怨老天为什么今天要下雨一样，没有意义，还显得矫情。

我不否定如今很多女性的赚钱能力很强，但从整体数据来讲，男性依然占据经济第一位。女性觉得自己地位低，与其说是性别导致的，不如说是经济导致的。

经济不如男人，但女人也别妄自菲薄。女性独立的时间并不长，曾经的女人只有家务的概念，没有工作的概念。

女人才开始投入社会经济多少年？而男人可是从古至今都在其中。所以，我们如今略输，是历史决定的，不是我们天生能力较弱导致的。再给女人一些时间，男女的经济地位或许会重新洗牌。

现在的女人，在网络上站起来了。独立宣言是一套一套的，情感标准是一条一条的。可你放眼现实生活，站起来的女人多吗？只是在网络上站起来，有什么用？

我无数次表达过，让女性真实地投入社会。为此，我毫不避讳地写过很多现实话题的文章。我告诉你，女人没钱很苦。你张嘴就反驳：“那我这种没钱的女人，就该去死了？”

任何一个真实投入社会的人，都不会反驳“没钱很苦”这句话。你连这种苦都不能正视，还谈赚钱？很多人会给自己洗脑：“我没钱，但我很健康呀！”说得好像你永远不会生病一样。“我没钱，但我很快乐呀！”18 岁之前的快乐可能跟金钱没有关系，但 18 岁之后的快乐绝大多数都与金钱相关。

或许有些人觉得，经济是独立的基础，其实经济只是独立的门槛，而且只是其一。

没有人可以告诉你怎么赚到钱。我们能分享的只是赚钱的思维、能力、技巧、信息……还有一点很多人都不愿意谈，但我觉得有必要提醒一下每一个想要赚钱的女性，那就是赚钱之前，都是需要交学费的。比如你学习的时间、金钱成本，以及你创业后的亏损，都是你要交的学费。

有读者天天想知道女性要如何赚钱，她们有一个通病，就是不知道如何开始，选什么项目。除了产品本身外，现在的商业，本质是服务，以后的商业竞争也是服务。

与其说我看好服务行业，不如说我更认同服务性质的商业模式。有很多行业重视服务。比如，培训行业从表面看是知识分享，但更多的是一种服务，服务于上课的人的某些需求。

我居住的小区门口，有个小卖部生意很好。但业主需要购买大量生活用品及食物时，不会选择它。所以，它和超市其实不存在商业竞争。平时家里差一些柴米油盐，住在小区里的人，都会选择让小卖部配送。其一，不需要配送费；其二，更快更便捷。它的盈利点就是超市及外卖无法覆盖到的方面。这样的小卖部在很多小区都有，但我楼下这一家做得很不错。

初次送货时，老板会让业主添加微信，以后需要什么，直接发微信告知就可以。虽然不是所有业主都会加老板微信，但从便利的角度来讲，绝大多数业主会觉得多个配送便利，没必要拒绝。

加了微信之后，老板会主动提出来："您记得要屏蔽我的微信，我只是给大家送货而已。加微信，更方便服务你们，但这又涉及您个人生活及隐私，需要尊重您的想法。"其实，很多业主加了对方后，都会进行屏蔽，让对方看不到自己的朋友圈。但人家主动提出来，就多了一层贴心服务。

而且他的微信朋友圈，没有任何私人信息，全是产品，非常简单的服务微信。每天发圈的数量又很少，不会引起反感，只会让业主意识到，原来我还加了一个这样的号。

有一次我让小卖部送一瓶水上来，但我没有说要冰的还是常温的，老板也没有问我，而是冰的和常温的各拿了一瓶，让我选。这个细节让人很舒服。我们年纪差不多，老板是名校毕业，在500强企业工作了三年，后来辞职创业开小卖部。

一回生二回熟，我们成了朋友。之后我问他："你送货时，不清楚客户需求，为什么不打电话问一问呢。"

他的原话是："我那会儿刚开这个店铺，需要被业主认可。我巴不得业主出一些漏洞，好展示我的服务水平。你说要买水，没有说清楚需求，但我刻意没有问。因为问了，我就少了一个表现的机会。"

这个老板没想过要把小卖部做成大型卖场，他走小店铺的连锁形式，目前已经开设多家分店。大型卖场有它们的市场。而他的模式，也有自己的市场。购物需求分为计划性和临时性，他就吃临时性这碗饭。我个人以为，这种空白补缺式的便利专业服务，或许在以后会越来越完整并得到普及。

很多人开服装店，认为就只是卖衣服；开餐馆，认为只是卖饭菜。大家的商业思维还停留在产品阶段，没有衍生服务。当有产品又有服务的店铺跟你竞争时，只有产品的你，毫无优势。

我有个闺蜜是做微商的，主要卖高端和低端女装，只是账号不同，但生意差得很多。后来我试着给她提了一个建议，从服务着手，每个客户建立一个信息卡。比如，对方喜欢什么、不喜欢什么、大概年纪之类的一些基础信息。

然后再根据自己的判断，主动联系亲和力比较强且对她满意的客户，发出这样的信息卡，让对方感受到你的专业与贴心。

话术大概是这样的："我们为您做了一张资料卡，记录了您的一些需求和喜好，想更好地成为您的私人服务者。如果有信息错误的地方，您可以告诉我。"

给客户看的资料卡，一定不要涉及隐私，否则会引起顾客的反感。卡上的内容应该是这样的：她似乎更喜欢红色，偏爱套装，她是一个很精致的职业女性，魅力指数五颗星……在体现服务的同时，也顺带夸了人。

很多企业都有客户信息，但没有把这个东西做到个性化、人性化。我建议闺蜜，你是做微商，但不能只做跟其他人一样的微商。你要让自己成为客户的私人服务专员，而不是一个整天只知道刷屏的讨人厌的冷冰冰的账号。

你可以分享服装，还可以分享搭配，分享色彩，分享每种布料的优势劣势。不要只说你的产品好，而是优缺点都说，用缺点去对比优点的真实性。你的销售模式和格局十分重要。

同样不能因为有些客户购买低端产品，就区别对待。以前的销售是消费者花一分钱，享受一分热情。现在的销售是消费者巴不得花一分钱，享受十分的重视。

从表面看，成本提高了。但成本又分金钱成本与精力成本。如果是金钱成本，比如人均消费 50 元的餐厅，的确不能为了满足消费者花一分钱想要十分舒适的心理，而大手笔装修成人均消费 500 元的餐厅的样子。

但精力成本不太一样，它是动态的、灵活的，且不需要实际性金额的投入与亏损。所以，多用一点，没关系的。

以前的服务只看是否热情和亲切，却忽略了一个关键点——周到。我有过一些不好的消费经历，服务员很热情、很亲切，但我不满意。因为他不周到，并不能满足我的需求。可他的服务态度又没问题，你连毛病都不好意思去挑剔，只能在内心否定这个商家。这样损失的不是顾客，而是商家。

现在的服务更倾向于个性化、新鲜化、人性化，你真能做好这个服务的精髓，就会发现，很多行业都能再活一次。从过去到现在，行业说来说去，就是那几样。不一样的是，因为文化、科技、信息的干预，行业发生了一些升级。

在我看来，很多行业都可以做。选行业的确重要，但更重要的是你用什么手段去做。

如何选行业，取决于你的信息量。有些人成天琢磨做什么项目，可你信息量只有巴掌大，肯定是想半天都想不出来的。每个人的想法、认知、选择、决定等之所以不同，其中一个原因就是我们脑子里储备的信息量有差异。

信息量是非常重要的东西，它决定你的思维可以扩展到什么地方。而互联网时代最容易获取信息量，它是一视同仁的，你信息量匮乏，是你的原因，不是环境和时代的原因。

我不否定网络上有很多垃圾信息，但垃圾信息就没有用吗？任何东西的存在，背后一定有商业价值在推动。谁让你只看垃圾了，你就不能去看看垃圾背后的商业链吗？哪怕你不做，也可以多了解一点呀。

现如今，没有利益支撑的东西，是活不下来的。可笑的是，很多人一边鄙视商业，一边又享受着商业带来的文明与便利。

擅长赚钱的女人，没有一个不是心明眼亮的“狠角色”。

曾经，女性现实是一种不被大众认可的特质。何为现实？《现代汉语词典》的解释是，客观存在的事物或合于客观情况。

一个女人没钱，却只想找富豪，就被解读成现实，但这恰恰不现实。一无是处的她，凭什么找到富豪伴侣？

恕我直言，正常的聪明人，都是现实的。不排除也有一些聪明人不现实，可能受环境、年龄、经历所影响。

如今三十多岁的我，是现实的，但 18 岁的我是爱幻想的。因为

18 岁的我所在的环境及自我的经历，都不足以让我接触、理解、正视现实。

如果人生只有客观存在的现实，这又不现实了。听起来有点绕，容我解释一下。

你是一个美女，要找一个帅哥，这符合客观现实。若只有客观现实，人就不会纠结苦恼了。类似于，我在一线城市，那就只找一线城市的男人。我住 200 平方米的房子，也只找住 200 平方米房子的男人。

但人是灵活的，际遇是不确定的。你是一个美女，但你恰恰爱上一个相貌普通的男人，因为个人情感的参与，又让你在客观现实上增加了主观现实。

所以，人往往会有这样的纠结——

我收入很高，他收入不高，但他为人很不错，我要不要选择？

大城市更利于我的专业发展，但小地方过着又很舒心，我到底要去哪里？

男友经济条件很好，但目前对我一般，那我要不要继续？

……

人生不可能只有客观现实，因为人有情感倾向，它会让你滋生出一些违背客观现实的东西。时不时地在客观与主观之间犹豫、徘徊、选择……才是真正的现实。

如果你真读懂了现实，那你就能理解自己在主观和客观之间的摇摆不定。甚至，你不会过分苦恼。你明白也理解，这种现实是存在的，但凡是人，都无可避免。

很多人倡导女人要现实一点，就告诉她们，多看金钱少谈感情。这是非常低端且不睿智的。在这种思想“熏陶”下成长的女性，骨子里是单薄的，没有灵动的美感，也无深邃的质感。

稍微动脑子想想就能明白，一个有七情六欲的人，怎么可能处处只看钱呢？你觉得只看钱是现实，但这恰恰是不现实。

建议女人做事时，不论是对下属，还是对合作伙伴，都要用钱去维护关系、用情去维护人心。这是最实用的建议。

想要真正从现实出发，你需要懂得自己及他人的情和欲。明白这一点，会让你在生活、事业、情感上少走很多自以为是的弯路。

愿每一位女性，都能扶摇直上，前程万里。

Chapter 03
第三章

思考的导向永远是事实，而不是你愿意相信什么

年轻时去沉淀，成熟后去尽兴

我的人生顺序跟很多人不太一样，有些人总说，趁着年轻我们要尽情尽兴。在我看来，不少人的年轻岁月里只有青春，而仅有青春的加持，是不足以让人尽情尽兴的。

要想尽情尽兴地看世界，少了阅历、经验、资本是不行的。要想尽情尽兴地恋爱，少了认知也是不行的。

因此，没有某些因素加持的尽情尽兴，更像是一场浮于表面的走秀。

我个人更习惯年轻时去沉淀，成熟后去尽兴。这时的尽兴，又不像年轻时的尽兴那般没有边界。

青春岁月里过于尽情尽兴的人，成熟后是不太可能拥有很多资本去嚣张的。别人的青春在奋斗，而你的青春全在浪费。

相较于成熟期，青春在整个人生中的占比更短暂。它一过，你大多时候都活在成熟期里。仅从这个角度而言，青春更应该为成熟期的游刃有余去铺路。

这种感觉就好比，有两个房间，一间是你长期居住的地方，另一间是你短暂停留的站点。后者并非不重要，而是建立长期居住点比短暂停留点更为重要。

在短暂停留的房间里居住时，你不应该把所有漂亮的家具、高端的电器、舒适的床品都放在这里。毕竟你总会搬走，定居另一个人生的阶段——成熟期。

年轻大多时候是用于吃苦和吃亏的。为的就是让你在成熟期，买得起更漂亮的家具、更高端的电器、更舒适的床品……而且长期使用。

不可否认，青春时代不放肆的尽兴，有些束手束脚，的确不够快乐。我接受这些遗憾，人生没有两全，我只能保住更适合自己的相对完整。

主流中有一种声音一直在倡导，青春要精彩纷呈，要不留遗憾。可你放眼看看，青春期又有多少资本能让你精彩纷呈且不留遗憾。它本来就干不过成熟期，不论是从时长还是个人修为上。

不够精彩和留有遗憾，都是一定程度上的“宿命”。我个人的确不喜欢过分夸大青春的魅力，它容易让部分年轻人滋生一种“明目张胆”的消耗。相较于浪费，我认为青春更应该节俭。

我有一个主观上的认知，如果人这一生从未遇见过坎坷，是平坦的，但也是单薄的。

你无法否认伤害这种东西，的确可以转化为经验和教训。我偶尔跟闺蜜开玩笑时，会说一些胡话——

“糟心事糟心人最好是在年轻时遇见，因为未来的路还长，你有更多时间去成长，能恢复得更好。而且，二十几岁时你吃了亏，未来会更懂得要如何保护自己。”

所以，承受力所滋养出的坚强，是每个女人的保护伞。而承受力这种东西，在我看来是很势利的，它喜欢欺负新人。

比如，重庆人很能吃辣，并不是他们的味觉与其他人不一样。而是，辣这种味道他们经常吃，所以对辣的承受力更强。

思维是很神奇的东西，它真的可以决定一个人的视野。例如，遇见坏人，一个人想：“他为什么要伤害我？”另一个人想：“我为什么会被他伤害？”这都是一种不完整的脑回路，前者只是知彼，后者只是知己。

我们都认可，做人的视野要广。这话说起来特别容易，在视野宽阔的背后，你永远不知道当事人承受了什么。

视野为什么会大起来？看一些大海和江河、高山与天空、沙漠与草原……视野就大了吗？并不。

视野不是装进眼里的东西，而是内心承载的事实，哪怕自己不喜欢。

看事物，如山川、河流，是给你的眼睛开路。看美好、丑陋、善良、恶劣、敞亮、狭隘，是给你的心智开路。

对于事物，人有与生俱来的审美。因为眼睛可以看到的东西，分辨和欣赏起来，本身的难度就不高。

可一个人的品位，通常是后天阅历的沉淀。没有阅历的人，很难与品位二字有所关联。

我从来不相信浑然天成、与生俱来的品位，品位的形成可能并没有你以为的那么唯美。在很大程度上，只有看到过丑陋，才能分辨出美好；遇见过劣质，才能识别出高端。

修炼爱情，先修炼心智

温柔的东西，我会温柔地表达。若让你感到尖锐了，我很抱歉，可能是那段内容并不适合温柔。

第一，保持该有的界限与分寸感。

就拿友情来说吧。人生在世，能有三两知己好友是幸事。

人们对于爱情的期望值很高，对于友情也是如此。爱人之间都不一定适合赤诚相见，更何况朋友之间呢？

人的内心并不能完全敞开，里面一定会有不堪入目的东西。可能是人生中的低谷，也有可能是经历上的丑态。这个角落，不仅不能敞开，还要深埋。因为，它见不得光。

曾经我有个很好的姐妹，在几年前与我分道扬镳了。这段友情一直令我难以释怀，直到前年我才想通。

我们之所以不再是朋友，不是因为性格、三观不合，更不是谁伤害了谁；而是年轻的我们，靠得太近，近得没有分寸感。人与人之间的关系之所以破裂，不一定是疏远，还有可能是亲密到无间。这样的近距离，让我不可避免地看见了对方让人难以接受的缺点。

从那次之后，我再交朋友就学会了保持合适的距离。

愿意被人看见的东西，哪怕有些难看，也一定不是你最忌讳的。真正忌讳的那些人性和丑态，你绝不会想要被别人看见。

在友情里，或者说在很多关系里，我们都要避开这一幕。

第二，永远别试图去叫醒一个装睡的人。

你喊的声音越大，就越显得你与清醒格格不入，甚至还会被人误解为理智过度后的冷血与狠毒。

看到过不少类似于这样的话：一个知道东西太多的人，不适合谈恋爱、结婚、做朋友、共事。面对清醒这种特质，她们会谈到大智若愚，觉得混混沌沌也挺好。事实上，能表现出大智若愚的人都是精明到极点的人。

装傻后的混混沌沌跟真傻时的混混沌沌是截然不同的。你们鄙视心智，可大智若愚本来就是一种心智。

什么是清醒呢？

例如，你和一个男人很相爱，但现在你们面临危险，在悬崖上命悬一线。

他拉着半个身子都在悬崖下的你，如果松开手，你抓住岩石可以坚持三分钟，等他去求救。

如果不松手，最多再坚持三分钟，你们会一同掉下去摔死。

此刻的清醒就是放开他，你独自一人面对死亡，让他去求救，才有一线生机，而不是哭哭啼啼地说你为什么不敢陪我一起死。

一个人想要做出清醒的决定，就一定不能加入情感因素，否则绝对会被误导。正因如此，清醒总会显得冷漠又决绝。

你为什么不赞同有些人在清醒下做出的决定？因为你代入了一个不清醒的前提。

第三，如果你单身，着实没必要放过令你心动的人。

如果心动的人是别人家的怎么办？建议你先改变一下自己的心动逻辑。

我有一个雷打不动的观点，再好的人，一旦是别人家的，我就心动不起来。道德感不允许我将自己降低到与其他人共享一个恋人的境地。而且，还是三人关系中最垫底、最没保障的那个位置。

我喜欢一对一的关系，投入感情与真心，真心对人家好，也理所当然地要求别人对我好。

会黏糊、腻歪，感受思念、吃醋、甜蜜，侧重的一直是爱，而不是某个人本身。

第四，做女人要“狠”一点。

放弃妇人之仁，优柔寡断，伤春悲秋。

你不想再受穷，想过富裕的生活。第一步也是要对自己狠点，彻底改掉懒惰和脆弱。

你放不下某段糟糕的关系，同样不是你对他不够狠，而是对自己不够狠。

自己也会背叛自己。每个人的精神世界里，都藏着很多“叛徒”。

对于这些东西，就是要“杀”之而后快。它虽然在你的身体里，但它不算自己人。相反，它恰恰是敌人安插在你这里的卧底，诱惑你、误导你、蚕食你。

当我谈及谈恋爱，了解人际关系，懂得博弈技巧之类的话题时，会有很多人跳出来讲，与其花这些心思还不如想想如何提升和修炼自己。

她们给我一种感觉，修炼和提升就是独自打坐。为什么很多高僧不是成天在山里打坐而得道，反而是在人间顿悟？

你看书、上课、学习才艺、存钱看世界、努力工作等，这些都是修炼，这属于生存技能。

你读人、看事，接触魑魅魍魉、解读人性和关系，你所经历的这一切，也是修炼。这属于心智的成长。

不与外界过招的人，能修炼到哪去？恕我直言，当你将修炼狭隘化时，你注定是个平庸之人。人这一生，就是各种情和各种欲在填充。而最聪明的人，永远是这里面的高手。

第五，看山还是山，仍然相信爱情。

我仍然觉得爱情是值得追求的，婚姻是可以考虑的。一些对爱情无望的女人常常如此形容男人：“天下乌鸦一般黑。”这句话过于主观，准确来讲，不论男女，皆是天下的乌鸦，会有同样的黑色。

我得到过很多爱，我也在付出爱。没有人爱你，在一定程度上是因为你谁都不爱。

我实实在在地经历了三个情爱的心路历程，初尝情爱的我，浪漫又多情，对爱执着又坚定。

后来栽了些跟头，懂了点门道，以为自己长大了，学会了大人们才有的人不为己天诛地灭、薄情寡义、狠厉决然。甚至有一段时间，我认为女人活得薄情些会更自在。

这个阶段过后，我成长了，能感觉到自己从万物的表象走到了内在。那些早就消失的浪漫多情、执着坚定，又回来了。

如果说第一次对爱的执着是因为初生牛犊不怕虎，那么现在则是经历飞蛾扑火、头破血流、伤口愈合后，重新选择回归纯净。

这完全不是单纯地基于勇敢不勇敢，你若试过就能知道，它是十分厚重的。思想还不成熟的人，可能不理解这两者的差别。

有些女性不相信爱，不相信情，她们有着无懈可击的分析能力与理论，甚至还有并不算单薄的阅历来证明自己的观点：薄情寡义好过至情至性。曾经的我会认同，现在的我会为她们感到难过。这种难过不是建立于高高在上，而是我知道她们距离下一个阶段还有一段路程要走。

我有一个很好的闺蜜，少年时的我们一起上蹿下跳，风风火火；一起讨论哪个男孩球打得好，人又帅。

成年后的我们，开始琢磨什么工作待遇高、前途好，哪个男人有潜力。分析对什么样的男人要用什么方法，如何把青春利益最大化。我们在爱情里都爱过、恨过、伤过……便开始怀疑男人，质疑爱情，审视自己。

中途因为各自的工作方向不同，她去了外地，我依然留在重庆。去年她回来了，多年不见的我们聊了很多，现在彼此身上再无戾气，而是十分平静的两个人，平静地讲着自己这些年的经历。

我们的眼里像没有受过伤一样清澈，但分别时的拥抱让三十几岁的我们不禁泪流满面。

不是感慨，是感动时过境迁后的我们，用一种全新的眼光与底气从看山是山到看山不是山，再到看山还是山的幸运。

闺蜜现在很好，有一个相知相恋的伴侣。我问她："为什么会心动？他又为什么会心动？"她的回答是："我在用心给他做饭，他在用心为我洗衣服。"

很朴实的回答，但我相信很多女人一定懂这句话说的是什么意思。不懂的女人可能会说：我为男友做了好些年的饭，洗了好些年的衣服，他还是辜负了我，所以说男人没有一个好东西。

或者说：可能还在热恋期，自然你侬我侬，以后可有得苦头吃呢！

现在的这顿饭，曾经的闺蜜是做不出来的。虽然它依然是饭，但做的人的心态却不一样了。这句话很朴实，送给懂的知己。

薄情寡义、爱情无意，都不应该成为你的风向标，它绝不会是你人生里最绚丽的时刻。

人，终其一生都要依附于爱而生存。不过，爱从来不是心盲眼瞎的人可以得到的。一定是眼明心明的人，才有足够的机会去邂逅、发酵、沉淀它。

只要你还能流出眼泪，那就足以证明爱还在你心里。真正不需要爱的人，是流不出眼泪的。因为她们不为亲情、友情、爱情而动容。

人都会孤单，不论内心空虚还是丰富。内心空虚的你，无法融入别人，所以孤单。内心丰富的你，又无法让别人融入，所以依旧孤单。

孤单是宿命，但宿命不可怕。它就是有些善变，想让你品尝悲伤。

平心而论，一个人若大肆宣称“不屑于情爱，赚钱最重要”，颇有些小农思想。

我揣测他可能受过情爱之苦，才得出名利最重。倘若一个人不能让自己接受挫折然后成长，那他就只能是个普通人。有能力的人的挫折足以照亮往后的灰暗夜色。

名利与感情，不是天敌，是某些人有过一些不好的经历后误以为它们是天敌。

它们是可以共存的，若你能走到第三重——看山还是山的话。

于情于爱，我依然具有浪漫情怀。我陶醉于诗人笔下的风花雪月，也向往与爱人共度一生。对爱情有念想也好，没有也罢，都不能用对错去评价。

我从不煽动女人盲目追求爱情，但也从不建议女人弃情爱于不顾。我只想以寥寥数字，建议大家活得更有温度。

电影《怦然心动》中有一段台词，“有人住高楼，有人在深沟；有人光万丈，有人一身锈。世人万千种，浮云莫去求。斯人若彩虹，遇上方知有。”

我还允许自己怦然心动，那是我在经历沉沉浮浮、跌跌宕宕后，留给自己的一份慈悲。

恋爱是生活的“必需品”还是“调味剂”？

有些读者来信说自己的生活困境，有些说自己的工作难题，还有一些说自己的思绪万千。

有位读者留言说，她压力很大时，就喜欢找男人谈恋爱，通过恋爱去减轻压力。但久而久之，谈出感情来了。本来只有生活压力，现在还多了一个情感压力。这时就会想，这种关系能走多远。会不会激情退却后，再无爱情？

用感情去调剂生活，不止一个人这么做。至于效果如何，各有不同。多数女性并不具备处理复杂关系的能力，但又喜欢把事情搞得十分复杂。

就像某些姑娘，明明知道某人并不是自己的最佳选择，却又抱着过渡的心态交往着。时间一长，离不开他的好，却又接受不了他的穷。

从我写作以来，最大的感受是：现在的女人，活得好累。既要赚钱又要养家，要付出比男性更多的生活开支，包括但不限于护肤、美妆、服饰、卫生用品。但在面对工作、生活、事业、利益、情感时，比男人更容易扭捏、矫情、糊涂、妇人之仁。

一段感情都谈不好，就妄想广撒网重点捞鱼。连人性都没摸到几分，就妄图去操控谁。还未彻底明白自己是怎样的人、有怎样的需求、会发生怎样的变化，就自以为自己可以控制一切变数。

与此同时，做女人的姿态不够、心境不稳、为愁而愁、为忧而忧，盲目演绎尚未发生的悲剧与痛苦。比如，已婚的女人无数次幻想丈夫出轨后自己的悲苦，单身的女人无数次幻想自己孤独终老的凄凉等，容易被男人、金钱、爱情甚至一部电视剧，挑起情绪，然后唱一出自以为是的独角戏。

我读过很多来信，盲目否定读者的心境，是不太礼貌的。但客观来讲，她们多数糟糕的情绪都是多余的。归根结底，就是入世的不够世俗，出世的又不够脱俗。

拿爱情来讲吧，想要至诚至真的感情，但择偶时又不可避免地去权衡、计较，盘算对方的条件、工作、前途。世俗与脱俗，不断地拉锯、撕扯，让她们在渴望真爱的同时，又嫌弃只有真爱。

做人应该简单点。虽然人有复杂的时候，但把混乱的问题简单化不仅是一种人生智慧，更是一种解决问题的方法。简单是主调，复杂只是因地制宜的需要。

越懂人性、生活、利益、情感的人，其实越单纯。复杂的那群人，恰恰是懂一点，但不全懂，会一些，但不全会，从而做出一系列偏离问题本质的行为，形成了复杂的认知和局面。

有时候不是你接触的人事物有多复杂，而是你把问题弄复杂了，对方在你的复杂中，若不够清醒，看不透彻，一旦受影响，也会跟着复杂起来。

比如，男女吵架。女性把不满的地方讲清楚是最妥当的，但你又会想什么都需要我明说，他就不能自己琢磨一下吗？在这种想法下，你的行为和语言会模棱两可。

明明需要他立刻回来，却说："你自己想，你该不该回来。"明明不喜欢他这样，却说："谁在乎你怎样，随你怎么样。"明明离不开，却说："这年头谁离了谁不能活？随便吧！"对方搞不清楚你的意图，也就跟着模棱两可。

不够清醒透彻的你，在他的复杂中，又变得更加复杂。最终，只是一个吵架，就让你们双方觉得难以调节、沟通。

在今年之前，我侧重两个字：价值。

从今年开始，我侧重另外两个字：轻松。

什么生活让我轻松，我就过什么生活。谁让我轻松，我就跟谁在一起。

为了不把问题弄复杂，我需要提醒自己，轻松是我的目的。轻松之外的欲念，是我贪得无厌的深渊。

我又想起一个问题，读者说："现任男友始终放不下前任，我该怎么办？为此，我已经痛苦大半年了。"这同样是把问题复杂化了。

只是男友而已。不要搞得像跟领过证、财产共有、延续血脉的婚姻关系那样纠结。也许你舍不得、放不下、离不开，因为你很爱。可心里还有其他女人的男人，有什么值得爱的？

连该把自己的爱情放在什么样的人身上都拎不清，你不痛苦谁痛苦呢？不要讲，爱一个人会控制不住的鬼话。那是你根本不曾设立爱情的门槛，所以谁都可以因为自带了一些世俗价值、情绪价值，从而得到你的青睐。

稍微成熟点的女人，谁还会那么在意我多爱谁，大家都在意选谁更爱我。

这样的选择也许没有两情相悦的完美，可哪来那么多完美人生。

佛家说："众生皆苦"。年少时不懂这句话，年长后亲身体验了这句话。你不容易，我不容易，他也不容易，这年头，没几个人真过得多容易。

我不是情绪化的人，但也越来越觉得，短短几十年，没必要让自己活得那么累。不好的爱情，没必要纠结，快刀斩乱麻。不理想的婚姻，更没必要赔上自己的后半生，要及时止损。

外人也别总是讲些废话，类似于爱情和婚姻都需要付出、牺牲、妥协、将就等。谁不知道呢？可事实是，每个人对外界的牺牲、付出、妥协、将就的尺度不同，你可以承受 80%，她只能承受 50%，太辛苦地经营，到底有什么必要？

女性的人生苦恼很多。实在孤单，就去找个人；感觉在一起太累，就试着分开看看。

没有人爱你，可你又需要爱，那你就得具备被爱的前提，这需要你自己去努力完善自己；还是没人爱，那你就试着放弃被爱的念想，懂得好好爱自己；工作实在太累，停一停也不会死人，但继续下去会不会死就不好说了。经历实在太痛苦了，可以稍微放纵甚至失控一下。绝对的理性值得推崇，但多数人做不到。若依旧用理性那套来建议你，是否智慧先不说，但肯定有些站着讲话不腰疼。

重点是，人在幸福时，不能掉以轻心；在痛苦时，不能彻底堕落。内心的高贵，无关贫穷或富有，都是应该坚守的理念，这是精神信仰。

最后，女性一定要经常与自己对话。明白自己内心深处到底需要什么、渴望什么、喜欢什么。再以此去扩展自己的人生，而不是人云亦云，随波逐流。

为什么相爱却不能在一起？

现在的男女关系，看对眼不难，难得的是在一起走下去。下面一封来信，看似讲感情，实则讲关系的本质。

人是社会关系的总和，一个正常的社交圈会存在很多关系。对关系的理解度，决定了我们看待问题的通透性。很多学者致力于关系的研究，可见其对于人的重要性。

来信：

拾一，你好。我有过两段刻骨铭心的爱情，一段在 23 岁时，另一段在 28 岁时。这两个男人都让我有白头到老的冲动与决心，可事与愿违，都无疾而终。

没有什么出轨、冷暴力、金钱纠葛、人品不佳等问题。我们水到渠成地好，无能为力地分。像很多深爱过的男女一样，我们都尽力了。

我们之间有爱情，有一日不见如隔三秋的思念，有赴汤蹈火在所不辞的奉献。

这两段感情，在我们心里都没有怨恨与后悔，唯独剩下遗憾。为什么相爱的两个人却没办法走到一起？

我们的生活方式、收入情况、家庭背景、兴趣爱好都没有太大的差别。但不可否认，两段感情都有一个致命点，我们之间的话题从来没有深入过。

彼此都觉得在一起开心最重要，不要把话题说得太深。偶尔深入地聊聊，也发现彼此都理解不到对方的点，不知道这算不算三观不合。

总之，我们觉得聊得太深，远远不如聊得浅来得轻松有趣。我自己也在反思，这两段感情之所以无力持续，会不会就是互动太浅，导致彼此的三观未曾真正融合？

所以，我们浮于表面的快乐支撑不起两个人天长地久的厚重。拾一，可以为我解惑吗？

回信：

不是每一个男女都会因为伴侣的不忠，导致感情无疾而终。还有很大一部分人，面对着有爱但也没能走下去的事实。说几个我的个人观点。

第一，爱情的滋生。

或许有人认为你们浮于表面的互动产生的并非爱情。但爱情不会因为话题是深是浅而选择性地滋生，两个人在一起很快乐，哪怕连彼此的名字都不知道，你们也有可能滋生爱情。

太多人把爱情想得过于深沉，不同甘共苦的不叫爱情，不经生历死的也不叫爱情。连了解都没有而滋生的喜欢，更不会是爱情。我们习惯给爱情附加一定的条件，这种感觉就好比说虾米不是海鲜，那虾米会服气吗？

有些爱情之所以滋生是源于了解，也有一些爱情滋生恰恰是源于不了解。

第二，维度上细分的匹配度。

男女之间，只谈情说爱最快乐。你说“我想你”，他回“我也想你”。你说“怀念你的拥抱”，他说“贪念你的亲吻”。每天的话题就是卿卿我我，情情爱爱。其实这样的关系最轻松，也最能快速获得情感上的满足。没有深入，就没有矛盾。

在这样的快乐下，再加上对对方都有渴望，那感情很容易持续升温，达到沸腾的状态。所谓的爱情，就诞生了。

这是第一维度。它所需要的匹配是最简单的，看得顺眼又能卿卿我我就够了。接着往下，除了卿卿我我外，两个人开始聊人生、聊婚姻、聊前程、聊梦想、聊人文等。

因为深入了解了彼此，问题随之诞生，谁都没有让对方眼前一亮的认知魅力，谁都说着大多数人都知道的那些陈芝麻烂谷子的观点。这时因为卿卿我我而诞生的喜欢，分量就会削弱。若想要舒服，就需要回到第一维度的浅层，在最适合你们的维度里，保持最完美的匹配。

估计很多人瞧不上第一维度，但事实上，部分人的见识与知识并没有那么广，你想要第二维度，还聊不下来。正因如此，某些人的情感话题都在风花雪月、柴米油盐、生儿育女的维度里。而这些话题里，风花雪月又是最轻松、矛盾最少的。

有些恋人之所以常常让人耳目一新，在一起有说不完的话、聊不完的天，在很大程度是由知识面决定的。这年头，书读少了，连谈恋爱的维度都要少很多。

一个学识一般的男人，面对一个才华横溢的女人，他只能跟她聊聊一般话题：在干吗？吃了吗？想你了！停留在嘻嘻哈哈、打打闹闹的层面还行，一旦深入互动，两个人的差距就会逐渐显现出来。他说政治，她觉得他蠢。他说教育，她觉得他无知。他说世界，她看出他的浅薄。知识面将他的感情卡在了固定的维度。

维度还能决定我们看伴侣的视角，一个维度低的男人估计只会看女人的外貌，内核这种东西哪怕他想看也看不懂。

很多人在求灵魂伴侣，很抱歉这是个伪命题，大多数人在求生活伴侣。

高维度的人是比较吃亏的，在两性交往中，你只能降低维度与对方相处，他不能将就你。你可以立刻降下去，但他没办法立刻升上来（各领域均适用）。

如果你是一个高维度的女人，应该理解某些人男人只能谈谈情说说爱，这样你们都会获得快乐。你非要聊孤独的本质、生命的真谛，不识趣的不是他，而是你。

第三，感情和关系是两码事儿。

你的两段感情都保持在你情我爱的维度里，你们也不喜欢谈论深刻的话题，按照上一条理论，应该是能走下去的，但为什么没有？

很多人错误地以为感情有了，关系就来了。检测感情能不能持续发展，看两个人是否爱得如胶似漆、甜甜蜜蜜、默契十足也就差不多了。

但检测关系是否能持续，则是另外一套标准，即看两个人的处事方式、思维方式、交际能力、合作能力。

不明白有爱为什么走不下去，就是把检验感情的标准用于检验关系。毕竟我们爱得深爱得真，怎么会关系破裂呢？爱得深爱得真，是感情的浓度问题。但没能走下去，则是关系的处理问题。

关系要破裂时，感情也阻止不了。这个现象可以很好地佐证感情和关系是两码事儿。很多夫妻婚后多年没什么感情了，但关系依然需要维持。

感情是意识流，但关系是一种实实在在的。而且关系还会再发展关系，男女结婚后只是夫妻关系，有了孩子，又多了亲子关系。关系滋生得越多，越不容易挣脱。

从这个层面来看，关系是比感情更有约束力的东西。举个不恰当的例子，你与恋人有爱，却没撑到最后。若有一张结婚证，有了夫妻关系，再不济也许都还能熬几年。

第四，被我们误解的三观。

找伴侣，一定要三观一致，这是绝大多数人择偶的先决条件。我不否定三观一致，只是对此还有一些别的看法，与你分享。

曾经三观一致也是我交朋友、找伴侣雷打不动的标准，可后来我开始接受朋友或伴侣与我的三观不一致。

我们为什么需要对方与自己三观一致呢？为了寻求理解与共鸣，避免分歧与矛盾。

能得到理解和共鸣是一种很愉悦的体验，但你有试过被打破现有认知、见识截然不同的三观后的焕然一新吗？那种感觉也很愉悦。

若大家的想法、看法、做法都差不多，不会有太多惊喜，现在我反而更喜欢跟自己三观不一致的朋友聊天。

经常听见有人这样说："我不认同你的看法。"坦白地说，这样的措辞是非常暴露认知的。你谁啊？人家说人家的，轮得到你认同吗？

有时候根本不是认不认同的问题，而是每个人的立场不同，在对方的立场上，他就是这样的看法。前提是，只要观点不存在道德上的缺陷。

我欣赏与自己截然不同但非常精彩的视角与格局，既不否定对方，又不否定自己，在保持风度与尊重的同时，还能相互钦佩。

在这样的情况下，哪怕三观不一致，又能有什么矛盾？！没有一成不变的三观，若你只用三观一致来交友择偶，当你的三观改变时，选的朋友与伴侣已经不同频，那是否又要放弃相伴？

人终其一生都在影响别人，以及被别人影响，有时三观比五官变化得还快。平心而论，我不太敢将“选择”押在三观之上。很多人说的三观不合，根本谈不到人生观、价值观、世界观的大定位上，无外乎就是一些目前的看法不太一致罢了。

说个趣事，我的一对情侣朋友，才认识时两人的各种看法都不一样，全靠彼此的颜值与被激发的荷尔蒙才支撑两人恋爱一年多。

两个人在一起，时间一长，他们的三观居然统一了。当然，这只是个例，不适合所有情侣。

我只是想提醒一下，人是活性生物，不要用死性理论来框住自己。

当爱情遭遇背叛，我们还能相信什么？

现在无论在网络上还是在自己身边，我们总能看到很多感情中不那么如意的一面，面对名人、朋友、亲人曾经美好的情感破裂，大家总是不约而同地说出那一句“我再也不相信爱情了”。

“我再也不相信爱情了”渐渐变成了一句流行语，不管它是调侃，是实情，还是安慰，都折射出现代社会中大家对爱情的迷茫，以及大家对待感情的谨慎。

不管我们当下的感情美满不美满，总有一个内心的声音提醒着我们：如果爱情背叛了我，我该怎么办？

我给大家讲两个故事。

第一个故事：

有一对情侣，二十三四岁的年纪。虽然两人月薪都不高，租着城中最低价的房，但彼此相爱，也算患难与共。在无数次捉襟见肘只能吃酱油拌面时，男孩都哽咽地对着女孩发誓："我一定要让你过上好日子。"

男孩还算争气，土木工程专业的他在工地上摸爬滚打几年后，得到公司重用，被送去国外学习两年。临别的前一晚，两人都哭了。男孩紧紧抱住女孩："你一定要等我回来，一定。相信我，我一定会让你过上好日子。"

女孩只是一个办公室的文员，看到男友飞得越来越高，自然高兴，但也忍不住忧心地问："镀金回来，你还要我吗？"话未说完，男孩就急切地打断了她："我不要你，要谁？你知道自己有多好吗？我现在害怕的是你不要我，我这一走就是两年，你会等我吗？"

女孩笑着笑着就哭了，猛点头。

那时的网络并不发达，两人的收入也不允许天天打越洋电话。最多十天一次，也只有匆匆几句。两年说长不长，说短不短。慢慢地，男孩的电话越来越少，最后竟然断了联系。

朋友安慰女孩："只怕他有了异心，你还是早做打算吧。"女孩不信，甚至与劝慰她的朋友绝交了，她不允许任何人诋毁自己的爱人。

两年半过去了，男孩杳无音信，也不曾回来找女孩。

后来女孩找了一个男友，谈不上深爱，但也算相敬如宾，过着不算宽裕的小日子。其实那个男孩两年期满便回国了，在公司受到了重用，加上那时候地产还算红火，他私下与朋友合作开公司，事业如日中天。

这已经是十二年后的事情了，他找了个年轻貌美的妻子，生了个儿子，过上了人人艳羡的日子。

男孩没有遭到报应，反而过得如鱼得水。女孩也没有得到回报，还是过得捉襟见肘。

这个故事，不是为了谴责谁，谴责没有意义。在男孩穷的时候，这个女孩是她最好的选择，可等他越来越优秀时，她便不再是最好的选择。在贫穷时，她是他的爱情。在富有时，她已经不是了。

男孩在穷的时候不爱她吗？其实爱。可如果是爱，为什么不能在一起一辈子？

爱是什么？无私？忠贞？不计成本？不顾后果？不是，爱是占有，更是每个人的私欲。

你爱一个人，如果对方不爱你，很有可能你会选择忘记他。为什么不能继续延续这份爱？因为你计较。你爱一个人，但他要投向别人的怀抱，你伤心或怨恨。为什么如此？因为你无法占有他。

一旦爱情跟私欲相撞，我们所谓的“爱”，都没那么经得起考验。为了满足爱的私欲，你会哄骗对方：“我爱你，一辈子。”

真能爱一辈子吗？谁都没把握。可私欲让我们只会选择利己，所以我们不敢明确地表达：“我爱你，一阵子。”

很多人无法接受这么冰冷的事实。扪心自问，如果你的经济水平能在目前的基础上提升好多倍，过着更好的生活，有着别人羡慕的工作，身边有优秀的异性……那现在的爱人还会如最初那般耀眼夺目吗？

在这段关系里，看似是男孩抛弃了女孩。究其根本是他在自己与女孩之间，选择了成全自己，而不是成全女孩。

我希望有过类似遭遇的女孩，能从内心获得释然。外人很难影响你，可我在尝试。

背信弃义的男孩为什么没有遭到报应，反而过得春风得意？为什么他一定会遭到报应，而不能过得春风得意？

曾经我也遇到过欺骗，朋友跟我说："走着瞧吧，他一定会遭报应的。"那时我也就听听，没当回事，因为我明白，他不一定会遭报应。

相反，我若不走出来，为过去再次付出代价并且遭受报应的可能是我。

如果故事里的男孩在两性关系里遇见的另一半一直不如自己，那么因果报应真不太可能会循环。若自身很无能，做不做坏事，他都有可能跌入谷底。

比如故事里的女孩，她做坏事了吗？没有，但事实是她的确成了牺牲品。她要爱情，也为爱情牺牲，可她从来没有想过，自己够不够格去牺牲？

试想一下，如果女孩在男孩出国的这两年，努力提升自己。哪怕她的等待还是落空，但她也成了更好的自己，还能继续去遇见更好的伴侣，这也是一种特殊的赢。

希望女性都能清醒点。你要为爱情辞去工作，远走他乡，放弃野心与前途……这是牺牲。可一无所有的你，没资格如此牺牲，你也牺牲不起。如果真要“抛头颅洒热血”，请先为自己，其次再选择性地考虑别人，最后后果自负。

第二个故事：

有一对小夫妻，自由恋爱，感情很好，结婚七年，两人还能在被窝里畅聊一个通宵。可妻子跟婆婆关系不太好，男人也不具备调解的能力。妻子也骄傲，忍了很久，终于忍无可忍。“战争”最终爆发，后来妻子搬离了他们的家，再也没回，最终两人离婚。

之后，男人娶了一个他母亲中意的姑娘，表面过着还算平静的日子。可他内心清楚，没有跟前妻在一起时那么幸福了。

二婚妻子是他母亲亲自挑选的，哪怕真出现了矛盾，婆婆也只能打掉牙往肚里吞。儿子若看不过去，想要跟妻子沟通几句，婆婆还率先阻拦:“唉,算了。谁让自己气走一个,又自找了一个更不如意的呢！”

不仅如此,男人和他母亲对二婚妻子的包容度可比对前妻大多了。夜深人静时，母子二人也会闷声叹气，后悔不已。

二婚妻子什么都没付出，可因为前妻的例子摆在前面，她坐享其成，有了一个“包容大度”的婆婆，一个“善解人意”的丈夫。

如果把男人调教得很好，可能受益的是他的下一个人。如果把男人调教得很差，吃亏的也可能是他的下一个人。世间之事就是这么奇妙，被欠债的和要债的，往往不见得是同一个人。

婆婆应该对儿媳的宽容，丈夫应该对妻子的理解，前妻都没有体会到。两人欠的是前妻，但受益的却是二婚妻子。被亏欠的始终被亏欠了，别说“本金”，连“利息”都看不到一分。

第一个故事否定了因果报应，第二故事又承认了因果循环。看似矛盾，其实并不矛盾，万事本就是相互关联的。因而越沉稳的人，越习惯说：“不一定。”

我和他很相爱，但不等于我们一定会白头偕老。我的确很努力，但不一定会成功。我付出了一切，也不一定能得到回报。这算是悲观意识下的“不一定”。

两个穷人在一起，一定不会幸福吗？不一定。找不到深爱的人结婚，一定会很难过吗？也不一定。我脑子不是很灵活，是不是不适合创业？还是不一定。为男人付出很多的女人，绝对会被辜负吗？同样不一定。我受过太多情伤，所以男人都不是好东西吧？依旧不一定。这算是心态积极下的“不一定”。

一个人愿意去接受“不一定”，不仅限于嘴上，而且考验当事人的底气和勇气，还有对人性的认知、对结果的坦然、对风险的把控，甚至还包括了一小部分难以分析的“运气”。

没有以上因素作为支撑，你嘴上承认“不一定”，但心里不会真正接纳它。所以当悲观中的“不一定”验证到你的生活里时，如付出那么多，结果还是被辜负，你无法接受，从而伤心欲绝。

或者不去相信积极中的“不一定”，觉得人都不可靠，再也不向任何人敞开心扉，从而错过良机、良人、良缘。

“一定”是认知上的狭隘，“不一定”是认知上的豁达。

总有人说，不相信男人，也不相信爱情，更不相信婚姻了。就好比知道外面有坏人，从而躲在家里；听说晚上有大灰狼出没，就紧闭门窗。

我知道人性的恶，也知道人性的善。我懂得爱的力量，也知道爱的负担。我知道忠诚的可贵，也明白背叛的理由。我对快乐很向往，但也清楚悲伤的必然性。

我是内心极度敏锐的人，或许我比很多人更能意识到人心不古或世事无常。但我想说，我依然十分阳光，也建议你尽量阳光！

不管世道如何，人心怎样，都不是我们让自己内心枯萎的理由。

如何为自己挣一个富贵命？

何为富贵？富裕而显贵，有财且有势。今天就聊一聊女性富贵。

我可不会算命数，仅以个人之见，谈谈我所理解的富贵。人这一生分为先天命运与后天命运。先天命运是指冥冥之中，自带的一些机缘，如出生和基因，也包括一些自然法则，如衰老、疾病、死亡。所谓天命难违，更多的是指生物的自然性。

女性是否有富贵命，在人力上就能看出征兆。下面分享一些个人总结。

第一，爱情绝对不能排在人生的第一位。

不是爱情不好，也非爱情不值得。更多的是应了那句俗语：“儿女情长，英雄气短。”

过于舒服的爱情，让人满足和平静，在一定程度上会削弱人奋发图强的动力。若一个女人遇上一个好男人，她有所依有所靠，物质、精神满足下只想岁月静好，知足常乐，这是符合人性的。喜欢谁，想要给对方更好的生活，从而越发奋发图强，这也是符合人性的。

只是，你不知道自己及另一半的走向。在这样的情况下，就需要从根源上保持理性，不要将爱情放在第一位。

若你看到某些女性在婚姻里很幸福，但依旧不放弃打拼事业，那大概率上，就是她没将爱情排在首位。

不舒服的爱情，容易拖后腿，束缚你的自由、理想、规划……让你寸步难行。

要从根源上解决问题，不是杜绝爱情，而是重新规划排序。杜绝爱情，是非理性行为。但凡你思考一下爱情对于人类情感的必然性或不可抵抗性，就能明白，物极必反的规律。

第二，想得到，先累积。

得到，其实是人类的毕生追求。学生时代想得到好成绩，工作后想得到好业绩，婚嫁时想得到好伴侣……如何得到？要先积累成本。

但是不是两人非得旗鼓相当，才有得到爱情的可能？不是。这句话骗了很多人，我要用最优秀的自己来匹配最优秀的你。

只要你有一定的资本，如渊博的学识、讨喜的性格、让人欣赏的才艺，就有接触优秀人群的入场券。

分享一个反向思维逻辑，当你越不行，就越应该琢磨如何拿下一个优秀的盟友，让他带动你，差生反而更需要名师。

如何让优秀的人选择不那么优秀的你？查缺补漏。他有资源，你有能力。类似于这样，搞清楚对方缺什么，然后你就补充什么。

别看写得这么简单，当你真把这一招用得炉火纯青，很大程度上都能“投其所好”，收获必然超出意料。

就算他缺的东西，你没有，也没关系，还有第二招。

人的需求往往不是一成不变的。你一直计划着找个销售类的工作，可某天你发现文员这个职位也不错。你喜欢聪明的男人，可遇到一个实在的男人，他不是很聪明，但让你十分安心，这时你的需求可能会改变，认为实在也并不比聪明差多少。

只要你能刺激另一个方面的需求，那么对方的需求也是可以被取而代之的。人生需要学会借力。

你遇到过的人，每个人都该给你留下一点有用的东西，你才不算白遇到。如果这段关系只留给你沮丧、自卑、沉沦……那你们的关系对你而言是负价值，不管你多感动，它都是廉价的。

都说经历可贵，但若不能转化为有效阅历，那基本都是白经历了。不仅如此，你因为过去的经历变成一个更差的自己，被迫进入一个更差的环境，只能遇见更差的人，这是廉价带来的负面效应。不仅没能增加你的资本，反而消耗了你的原始资本。

用投资人的角度去生活，你极有可能会得到一份不菲的利益，以及美好的感情。别去鄙视精打细算的人生，播下什么种子，才有可能收获什么果实，这可是脑力加体力的双重劳动，你以为很容易吗？

第三，真正的富贵，绝非个体化的富贵，而是与你血脉相连的家人集体富贵。

富一代创下财富，因教育不当，导致富二代把家里败个底朝天的例子，数不胜数。

一个女人要保持富贵，必须重视家人的同步。否则，父母给你使绊子，孩子给你挖坑，你不穷，谁穷？

“女人要教育好老公和孩子”。听到这句话，别先喊凭什么要我来教育？女人就该为别人操劳一辈子吗？从大局看问题，丈夫的上进和孩子的乖巧，最终你也是利益获得者。想通这一点，你就是干大事的人。

家里一定得有一个把控家庭走势的人，不是你，就是其他人。如果你不行，就要找一个能行的人。若谁都不行，你就是硬着头皮也要上。

我个人觉得，女人才是家庭的灵魂人物，男人更像是配合灵魂人物的“工具”。这里的“工具”非贬义。我这个建议是举荐女性成为家庭领导者。

但得忠告一句：“量力而行，心态平和”。富裕与贵气，本就不是泛滥的标配。

第四，富贵不仅要有财，还要有势。

不少女性问我：“怎么赚钱？如何把握趋势？”在多数人的认知里，人人都知道的风口和趋势，不适合入局。多数不代表正确，因为赚不到钱的人，恰恰是多数。

什么生意能做？这根本不应该成为一个问题。人人都没尝试过的东西，若你是第一个吃螃蟹的人，那就容易成功。但这个理论仅限于商业上的天选之子。第一个吃螃蟹的普通大众，多半会失败。

普通人怎么做？商业奇才创建商业帝国后，你在这个领域里贯彻这些天才的商业思路。普通人的生意不可能是自己创造的，而是在已经成立的商业链里找位置。

比如抖音平台，高手把平台搭建好了，你只管进来，不要管有多少人在做，竞争有多大。不管哪个商业领域，都不可能是寥寥无几的人在做。恰恰是人人都知道的生意，越容易引发商业消费。大家都不知道直播时，只有几个人会在直播上花钱。人人都知道直播后，花钱的人也就多了。

消费少，竞争小，难度小，但赚得也少；消费多，竞争大，难度大，赚得也就多。这个比例一直都是正常的。

人会习惯在大众已知的商业领域里消费。市面上的钱，大多都在这里面流通。要赚钱，也得在这里动脑筋。

富贵不仅是财富和地位，还包括一切宝贵、美好的思维和精神。人人都该有一个修身养性的过程。心灵和本性，需要锤炼，以求身心完美统一。

“富贵”这个词，是我最喜欢的。物质的保障、思维的丰盈、精神的富足、品性的高贵，都是短暂人生里的光。

以前夸人，不是你好漂亮，就是你好能干。如今我尤其喜欢祝福别人富贵到底。

Chapter 04

第四章

在获得的过程中，很多经历都是反人性的

把无用社交变为有用社交

谈一谈社交文化。何为社交？两个以上的人因为同一目的而发生关系交集。

部分人不会社交，很大原因是不懂社交文化。每个人都需要社交，通过它来关联世界。目前，都在提倡取消无用社交。从本质上来说，社交的最高目的在于把无用变为有用。

若在时间轴上看问题，其实并不存在无用社交的说法。

在你 25 岁时以为的无用社交，可能在你 27 岁时派上用场。因为你和与你发生交集的人，生命轨迹在不停地变化。当时或许无用，但你无法确定以后同样无用。

几年前我认识一个朋友，她刚刚转行做医美。那会儿我觉得没必要社交，反正彼此也不需要。可现在，她已从行业新人发展为佼佼者。

而当我逐渐感受到衰老时，才真正意识到有一个医美行业的资深从业者做朋友会多方便。

无用社交本身也是一种社交。我表妹年初入职了一家新公司，她平时在公司都会做好本职工作，但从不参加部门的聚会。她总觉得那种场合尴尬又虚伪，反正彼此也成不了真心朋友。不止她，也许很多人都认为这种社交无用。可事实上，半年后她就被孤立了。

虽然她的能力依然被公司所认可，但同事们跟她连明面上的客套都没有了。久而久之，她并没有感到快乐与放松。她认为的那些看似无用的社交其实是有用的。

最容易击垮一个人精神体系的因素之一就是在群体工作环境中，日复一日地独来独往。

很多人参加这类社交不会感到有趣，大家都是碍于工作关系而已。可为什么还要时不时地参与一下？不过是彼此配合着不捅破那层“我们很陌生”的窗户纸而已，让大家在有意建立的熟悉中彼此方便。

煽动年轻人排斥这类社交，其实是对成年世界里的身不由己最大的视而不见。每个人都要有储备意识，社交就是为了储备。前提是使用剩余的精力，而不是消耗所有精力去维系人际关系。

人际关系是次，个人实力是主。如果主要核心力并不能让你如鱼得水地行走于职场，那你就需要借助次要力量。事实上，仅凭实力就能忽略人际关系的人，基本上很少很少。所以，大多数人都离不开社交。

下面分享几个有关社交的观点。

第一，在当今社会，过于直白的夸奖显得十分虚伪，社交的第一步就是得掩盖虚伪。

多少有点高度的人，内心都反感直白的恭维。

一见面就说“你的衣服真好看”“你的眼睛好漂亮”“你的身材也太好了”。

这种夸赞很廉价，表演痕迹越重，越会让人觉得你在拉低他们的层次，是在敷衍他们。

什么人看不出直白夸奖下的别有用心？不怎么样的人。这类人，也没必要去和他们拉近距离。

与其当面赞美，不如背地里多多赞美人家。只要次数够多，覆盖面够广，自然会传到对方的耳朵里。这时的效果是你当面夸奖一百句都达不到的。

第二，捧他人做主角。

社交时，偶尔要学会做陪衬主角的绿叶，但内心还是得保留红花的位置。

如何捧？适当地明知故问。例如：

你知道对方的孩子考上了名校，在人多时，故意问：“你闺女高考考的是什么学校呀？”

她买了一块昂贵的名表，你故意问：“这表多少钱呀？”

她最近在某个项目上取得了很大的成功，故意问：“这次的大项目拿下了吗？”

自行举一反三。

给他们炫耀和展示的机会，毕竟这种事也不好自己来。等他们的主场结束后，你再根据他们的反应给出对应的恭喜。

比如，她在回复她闺女考上哪所名校时，止不住喜悦之情，那你的恭喜就可以适当夸张一点。她在回复手表价格时，轻描淡写，就算内心澎湃，只要她没有表现出来，你的溢美之词也最好是点到为止，不要让别人看低你。

第三，允许拜高，但不要踩低。

可以一起奉承圈子里的大佬，但不要一起踩踏圈子里的小弟，做人必须给人给己留一线余地。

社交中什么人最讨厌？说闲话的人。如果大家都在说，你要不要附和，以求合群？不需要。那要不要反驳？也不需要。你最好沉默。

愚蠢的人会谴责你，为什么不替别人说话？但聪明人会欣赏你独善其身的分寸感，不与闲话为伍，但又不因对抗闲话而惹事。

这属于社交中的灰色地带！不明亮，但也不至于阴暗。在一个圈子里，不应该过分放大个人英雄主义。就像武侠小说中行侠仗义的人，哪个不是在江湖上声名赫赫，无名小卒玩不转行侠仗义。

是不是一定得对踩低这种事视而不见？不是。若要搭把手帮助别人，暗地帮助为最佳。帮助他人，却将自己赔了进去，不过是有勇无谋，不值得倡导。

“正义”在社交圈里就像怕鬼的小姑娘，人多才敢出来。单枪匹马的正义，实在太少。

但我觉得大家应该理解这种明哲保身，谁也不愿意树敌，尤其是被一群喜欢说闲话的人盯上。能暗地帮助，已算人道。

第四，增加自信，减少自恋。

自信是社交的名片，得随身携带。自信的人是怎样的？不会嘴碎，也不会当哑巴。他们开口和闭口，都恰到好处。

自恋的人有个很明显的特质，他们说大多数话之前，都是以“我”开始：我如何如何，我怎样怎样，反反复复，但没人爱听他们的那些事。

在社交中，说自己一些有趣的糗事一定比说自以为的“丰功伟绩”更能打开话题。与老朋友多谈过去，与新朋友多谈以后。

第五，社交的真相。

社交是怎么一回事儿？用感情联系，用利益维系。

和好朋友相处，是私交，不是社交。在社交中，极有可能与你发生交集的人都称不上是朋友。即便如此，我们也要用感情来联系，这是大家心照不宣的表面功夫。但背地里，社交链其实是利益链。

你在社交中喝的每一杯酒、说的每一句话、吃的每一顿饭等都是利益的驱动。所以，无利益不社交；否则，你就是在白社交，等于真正的无用社交。

通过利益，我们才可以去判断哪些需要社交，从而淘汰无效社交。要知道有效的社交等于规划利益。

社交像一张网，你认识的群体应该这样去契合。

1. 你没有的，他们有；他们没有的，你有。

2. 你们都有，但很少，加起来却可以大于二。

具备这样的前提，社交才会产生价值。人是不具备完整性的（各个方面），怎么办？在社交中进行补充。连自己缺什么、有什么都不清楚便盲目社交的人是最傻的。由此也可以看出，什么都没有的人估计连社交的门槛都进不去。

你优秀，你的社交才有意义。你匮乏，你的社交则是浪费。一无所有时，最该做的不是社交，而是提升自己。

很多人都说社交是廉价的，这句话对也不对。是否廉价，取决于你能从中拿走多少东西。人，一生都在与他人发生各种关系，这是群居动物的特质决定的，你想逃离都很难。

不需要过分抗拒社交，就是个集体活动而已。最初接触时会觉得社交有趣，慢慢地会发现其极度无聊，久而久之，越深入越有趣，光是千人千面，就够你看个精彩。

社交不等于生活，它只是生存中的一张牌而已。必要的个人空间必须保留，这是生存之外对生活的尊重！

要独立，先学会做一个游刃有余的人

这个时代，倡导女性独立，包括但不仅限于生活、情感、物质、精神世界。

每天都有无数人告诉你，女人也可以野心勃勃，也可以指点江山，那些令人亢奋的用词字字落在女性的渴望之上。

“野心勃勃，指点江山”，这八个字说来容易，但很少有人告诉你，野心这种东西到底有多烫手，得需要强有力的手腕，以及玄铁一样的内心才敢碰。

在历史文化的影响下，不少女人被禁锢于“从一而终”的思想中。潜移默化下，女人在各个领域都受到了“从一而终”思想的影响。

相较于男人，女人更抗拒改变。女人生来骨子里就有一些天然的软弱与依附性，从一而终的思想影响深入又导致她们在很多领域都不愿意脱胎换骨。

一辈子只围绕着“从一而终”这四个字转来转去，所以，野心勃勃和指点江山，跟你又有什么关系？反之，游刃有余总给人一种“乾坤尽在掌握”之感，但游刃有余的背后，不仅仅是实力在支撑，还包括一个人对身份、处境……都能做到无缝衔接。

能游刃有余的人，都高度接受身份与处境等的变化。我要在谁的面前做怎样的人，不做怎样的人；干什么样的事，不干什么样的事……

一辈子定格于“女人”，或者一种价值观、一种生活状态、一种认知理念的人，跟游刃有余没关系。

身份很单一，处境很固定，这样的你拿什么去切换？不能自由切换，又如何游刃有余？

就拿如何做人和做事来说。

先决定做什么样的人，一个人是怎样的人决定着他能做怎样的事。每个人都在想，我要做什么事儿，在这之前，请先搞清楚自己是什么人。否则，将事倍功半。

如果你要做的事，不适合你这样的人，请先成为合适的人。

很多人想赚钱，天天发誓，喊口号，但一个拉不下面子，放不下身段，看到生意就头疼、听到买卖就轻视的人，即使喊破嗓子，也赚不到钱。

做一个怎样的女人？要做怎样的事？可以从一定程度上提升赚钱的可能性吗？不一定，一个人的成功往往是各种各样的因素汇总在一起的。勤奋、能力、机遇、魄力、运气……缺一样，成功的难度都会大很多。

很多人都卡在第一关勤奋，而勤奋是有些反人性的。

勤奋和懒惰，前者被人称赞，后者被人贬低。但被贬低的，却是最令人舒服的那一个。所谓勤奋后的得到，就是吃过苦头后的回报。

勤奋都谈不上，能力从何而来？基因的确分优劣，有些人生来就比其他人的能力强。但后天若没有勤奋努力，一直吃老本，也是不会能力强的。

接着是培养能力，能力是个人创造价值的根本，如木匠做出一套家具，这就是创造的价值。而勤奋则是排在成功路上的第一位，首先要勤奋，才有可能提升能力。

而能力，决定着你能创造什么价值。请自问，你能给别人带来什么？这就是你赚钱的切入点。

这是一个信息透明的时代，重现了交易的原始面目。在今日以至未来，个体很少有“空手套白狼”的可能性。

别人为什么会选择你所提供的价值，这就是商业的深入点。需要看你的价值的独有性，以及营销个体的策略性。

有了能力，才有可能得到机遇的垂青。而在机遇面前，不是每个人都有足够的魄力去实践。

很多人总抱怨没有机遇，但若问他，你觉得机遇是什么样的，他只会摇头。机遇的来临，是有迹可循的。

第一，扩大关注点。

整天的关注点就是自己那一亩三分地，对社会、经济、人文、时事，一无所知。这样的你，能发现什么机遇？

每次时代改革所带来的变化，都是普通人逆袭的机遇。以前是房地产，现在是互联网。你想在海里捞鱼，但你连海都不去找，你怎么捞鱼，拿嘴巴吗？

人想往上走，越走越发现，没有什么东风送你上去，都是自己顽强挤上去的。

那条往上的通道很窄，窄到你可能需要丢掉很多东西才挤得进去。不必要的多愁善感、怨天尤人、白日做梦，都是你给自己增添的累赘。

第二，不要放弃学习。

你身上的毛病越多，所占体积越大，掉入底层的速度就越快。

我经常告诫朋友，任何时候都不要放弃学习。而学习，本就是要花钱和精力的。这笔钱，你省不下来。

很多人告诉你，读这个没用，读那个没用；学这个没用，学那个也没用。长着脑子是用来判断是非的，别人觉得没用，不代表对你没用。

一个博士生觉得做高中生的题目没有用。但如果你是个高中生，学习高中的题目，怎么就没用了？

我觉得在学习领域，很多东西都是有用的，只是目前你可能不太清楚它会在你人生中的哪个阶段起作用。

既然如此，学习可以有所侧重。此刻你需要什么，就去学什么。不需要的东西，先搁置。学会了的东西，用一段时间后没用了，继续搁置，再学习其他有用的。如此周而复始。

第三，注意学习的氛围。

能量这种东西真的很微妙，你所在的“磁场”可能会影响你的人生。

在“学霸”圈里，你当了一次“学渣”，就感觉自己犯了大罪。在每天积极向上的圈子里，你都不太好意思去堕落。

我在交友方面有自己的原则，从不与混日子的人为伍。不是我瞧不上谁，而是我怕自己控制不住那种往下滑所带来的一时快感，索性从根源上避免这种考验我克制力的可能性。

我们都是普通人，但又想要比大多数普通人过得富裕一些，那必然要滋养出一些不普通。

我很喜欢读商业案例，看了那么多，也没发现这些人之所以成功是因为他们够普通。

偶尔动一动脑子，对你的思考能力没有太多帮助。但你试试经常动脑子，效果就不一样了。可女人大多时候搞反了，相较于动脑子，她们更习惯于动心。而一个随时动脑子的人，比一个随时动心的人，更容易收获理想生活。

如何掌握话语权？

一个女人是否有话语权，最大的筹码不是美丽、优雅、自信，而是她是否具备掌权者的思维与能力。

我个人认为，30 岁的确是女性的分水岭， 30 岁后应该去寻找自己的“频道”，包括感情、生活、事业，有自己的方向，而不是像无头苍蝇一样乱撞。

很多人渴望成长，但她们连自己的方向都懒得去寻找，只会等着别人事无巨细地告诉她们该做什么、适合做什么。

这是一个多元化的时代，互联网上会有很多人告诉你看什么书、走什么路、做什么事等，但尼采曾说过，“无选择的求知冲动，犹如无选择的性冲动一样——都是一种下贱的本能” 。

如何寻找个人方向？整合资源与分析个人优劣。这简简单单的一句话，只要你动脑筋且落到实处，一定能摸索出方向。

下面分享几个观点。

第一，关于理性。

应该没有人否定理性的重要性。在当今社会，我们对于理性的要求比感性要多，它可以在一定程度上避免我们为感性行为买单。

但我发现一个现象，大家把理性捧得太高，它只是一种思维方式而已。当你一味地倡导理性的时候，我倒觉得你其实很感性。一个绝对理性的人，如同一个绝对感性的人，都会为自己的厚此薄彼付出代价。

你现在面对一个人（可能是爱人、朋友、合作伙伴），你用绝对平和、理智的心态去分析、沟通，但也许对面的那个人要的就是感性的解决方式呢？

你认为理性至上，不代表你对面的那个人也这样认为。在这种情况下，理性是不合时宜且拖后腿的。

而且，有时理性是干不赢感性的。理性的你与感性的他，发生了矛盾。他激动起来可以去跳楼，但你不能跟他一起跳。

理性不应该占据绝对地位，但在聪明人的分配里，它一定要高于感性。为什么？如上面的例子，面对感性的人，你也应该多几分感性。之所以会下这个结论，因为这是理性思考后的产物。

第二，交换与争取。

本质上，我不觉得一个人的所得是争取来的。

举个例子，一个女人很勤奋、很聪明、很踏实，每天工作至少十个小时，还常常通宵加班，最终她成功了，坐拥不菲的家产。

从表面来看，这一切都是她自己争取来的。但往深一点看，这一切都是她用自身努力交换的。

她可能用了健康、时间、休息、娱乐、能力、毅力……去交换了财富。

看到这里，停一停，想一想。你现在拥有了什么的同时，是不是也失去了许多？那不是失去，而是你在交换。

这是一个十分微妙的万物法则，微妙到不容易被察觉。

于是人有了很多感慨：

我是有钱了，但再也找不到攒钱吃 299 元自助餐的快乐了；

我是成功了，但再也不敢随意相信别人了；

我是跟喜欢的人在一起了，但没有单身时的自由自在了。

如果你明白一物换一物，很大程度上你会从根源上对人生不能两全其美感到释然。但交换是有前提的，一个人想要获得财富，需要的条件缺一不可。比如交换的筹码（包括但不限于能力、机会、眼光、毅力、勤奋、胆识），以及做好交换的准备。若没有这些条件，你想体验忙碌到没有个人生活的交换，都没机会。

三分的筹码交换三分的得到，五分的努力交换五分的回报。有段时间我忙得昏天暗地，当时的我得出一个十分浅薄的理论：想要得到多少，就得付出多少。

这句话换成更精准的说辞应该是：“想要得到多少，就得拿多少去换。”这种思维的转变，可以让你平衡情绪。

第三，关于匹配。

“匹配”二字，扼杀了很多关系的可能性。

一个人做什么样的工作，谈什么样的恋爱，找什么样的伴侣等，都是以匹配作为开始的。当然，这颇有些理想化。于是你会发现自己很难开始，不论是创业、恋爱，还是交友。

从某个角度来讲，这会造成机会的流失。匹配不是起点，而是终点。

平心而论，一个人才接触一份工作、一个意向性对象时，彼此都还不熟悉，能有多匹配？我个人挺反感某些情感鸡汤里说：“不要轻易与某个人开始，一旦开始就不要轻易结束。”我觉得这句话很小家子气。所以你经常会发现，这样的人既不是一段关系的领头人，又不是一段关系的结束者。

如果这是一篇家常“鸡汤”读物，那么这句话是成立的。但我的读者不是这类人，羊怕死没错，但作为狼，就不要过于畏首畏尾。我不是在告诉你自保，我是在讲进攻。若自保都做不到，那你也不会变成狼。

一份新工作或者一个人，好不好，跟你轻不轻易开始，没有绝对性关系。我认为你在面对“可能性”时，应该开阔点。这是胆识，也是格局。

第四，立场与认知。

什么是立场？

你喜欢吃苹果，她喜欢吃香蕉，谁也没有理由说谁的喜好不好。你花十块钱买口红，她花一千块钱买口红，谁也没有理由说谁的消费观不妥，这就是立场不一样。

在现实生活中，很多人错误地理解“立场”，以至于让它成了明明觉得不妥，但又不能去反对的借口。

对方会反将你一军：“立场不一样，难道只有你的观点才是对的吗？”

立场应该建立在认知之上。什么意思？你难过，要去吃老鼠药，我阻止你，觉得你做错了。但你不服气，你认为每个人的立场不一样，我难过就是要吃老鼠药，怎么了？那这时，我就完全可以忽视对方的立场。

一个女人被甩后要跳楼，应该没有人会说：“也能理解，毕竟立场不一样。我们不寻死，不代表别人不能寻死”。连死都不怕，难道还怕被甩吗？这就是认知。的确有人认为死了比活着好，哪怕这真的是当事人的立场，我们也不能推崇。

因为思维是阶段性的，她这一年想寻死，谁敢保证明年之后，她会不会不再想寻死。

我偶尔会跟读者因观念不同而起争执，一些事不关己的人又跳出来谴责我：“每个人的立场都不一样，凭什么你就不允许别人反对你呢？”恰恰相反，我是一个特别喜欢交流碰撞的人。前提是，对方的立场得建立在认知之上。如果连最基本的认知都没有，又哪来的什么立场？

在两性关系里，男人就经常用“立场”为自己的错误行为开脱。有个读者说她男友告诉她：“自己之所以要和不同的女生暧昧，是因为抑郁。如果我不这样，抑郁就会加重。你是正常人，我是病人，你不能像要求正常人那样要求我，我们立场不一样。”说来挺不厚道的，我当时没忍住，笑了。

重申一下，立场必须建立在认知之上。可以让你在谈判与处理情感时，不让对方以“立场不同”为由，占你的便宜及抢走话语权。

第五，自我与需求。

人，没有自我不行，太过自我也不行。

假如你现在的需求是一万块钱，如何赚到这一万块才是重点。但你想了一下，觉得要赚这个钱，可能会赔笑脸赔小心，你的自我不允许你如此。你会就这样放弃吗？

一个真正做事且能把事做成功的人，自我意识都是放在第二位的。在现实的博弈、拉锯、争夺战中，没有那么多地方安放你的自我。

求人的时候，你觉得低头很难。求知的时候，你觉得下问很卑微。总之，做这些事的时候你认为自我被贬低。这样是成不了事的。

这可不是告诉大家，为了成功我们可以无所不用其极。而是想提醒你，你以为的自我，大多是自负在作祟。

就算你不是干大事的人，即使遇见生活中的小事，有时候也不可能处处迁就你的自我。

做事的时候，不谈自我。做人的时候，才谈自我。现在的人做什么事，都喜欢追求意义。我认为，压根不需要所有人和事物都有意义。否则，累死人。

情绪管理从来不是一步登天的事

大家都知道，情绪管理能力低会导致严重的后果，但到底有多严重，可能很多人还意识不到，有一则新闻，估计很多朋友都听过。

“一个妻子因为家庭矛盾驾车载着两个女儿，跟踪丈夫所乘的车。打电话给丈夫，丈夫却撒谎说自己在外面修手机。女人一怒之下，猛踩油门追尾撞上丈夫所乘的车。

“两个女儿一直在惊恐地喊‘妈妈，你慢点’，此刻丈夫已经下车，但这位母亲依然狂撞那辆车，也不顾女儿的提醒，直到最后车辆发生侧翻。”

也许你看到我这么说就已经有了愤怒的情绪，那你真该长点心了。失控的情绪是疯狗，你不吞掉它，它就会吞掉你。

人容易情绪化，该如何管理呢？首先要认清情绪。情绪是喜、怒、哀、惧、爱、恶、欲。你若将七情用得恰如其分，那它必然成为你的魅力之一。

我曾多次提过关于理性的话题，有些人反馈："道理谁都懂，但到了关键时刻就是做不到。"

甚至用不少看似无懈可击的理由来佐证自己的观点：

1. 情到深处，怎么能克制呢？

2. 当局者迷，旁观者清，在局中哪能那么清醒？

3. 人始终是感性的生物。

……

恕我直言，这类人对心智的力量一无所知。你们都说道理懂了，但我没明白你们懂什么了。

为什么做不到？让我说给你听。

第一点，所谓情绪管理，从来都不是一步登天的事情。

我小时候溺过水，所以很怕水。但又特别羡慕同学会游泳。每次我去河边都是坐在岸上，根本不敢下去。

最开始时，我妈让我在浅水区试试，水深半米都不到，但我还是有些怕。

等我适应几天后，半米深的水已经不能对我造成影响了。我就去探索一米深的水，它跟半米深的水完全不是一个段位的。

再适应一段时间后，我又能接受一米深的水了。最后，我学会了游泳。

人往往会忽略一些特别简单、寻常的真理，想做一步登天的大事。

我是跟朋友聚餐时看到前面说的这个追车新闻的，当时有朋友说：

“就是那一瞬间愤怒上头，没转过弯来，才造成了这样的后果。”

这些话在日常生活中经常听见，但真的是因为那一瞬间愤怒上了头，才失控的吗?

并不是。我没少见一瞬间失控而有过激行为的人，他们基本上属于从来都不懂管理自己情绪的人。

管理情绪跟我学习游泳一样，你最开始控制 10% 的情绪泛滥，慢慢递增到 20%、30%、40%、50%……日积月累，你对情绪的把控力会越来越高。到那时，就算你遇到一件特别令人失控的事情，你也不会想要用破坏、暴力、不计后果的方式去处理。

你跟那些从未进行情绪管理的人不一样，你是有基础底线的。就算这件事糟糕到没有办法让你彻底平静，底线也会让你从最大损失降低为相对损失。

就好比这则新闻，假设妻子曾经循序渐进地管理过自己的情绪，哪怕她不能彻底让自己冷静下来，也绝不至于做出撞车这种与丈夫“同归于尽”的行为。

一个学过开车的人去开车，肯定比没有学过的人更顺利。

这个妻子在情绪面前也是个无辜的手下败将，她或许并不想这么冲动，可她控制不住。她情绪管理的基础是零，却要面对十分高危险的情绪失控。

旁观者也别说风凉话，你若明白控制力是如何诞生的，也必然不会站着说话不腰疼了。

每个人的情绪失控点不一样，她的点可能是因为丈夫的谎言。作为旁观者，你可能也有独有的情绪失控点。若没有情绪管理的基本功，遇到你独有的刺激时，你一样会崩溃。

旁观者不应该认为自己不会因为丈夫可能出轨而失控，就自以为比新闻中的妻子更理性。这种判断没有说服力。

情绪管理入门其实是最难的。

大多数人都有一个误区，你初次遇见情绪失控，也意识到应该控制，你也这么做了。

可面对 50% 的愤怒，你最多只能控制 20%，没有完全控制住情绪，你认为自己失败了，从而放弃。

但其实，那 20% 的控制不会白白消失，它会沉淀。下次你再遇见情绪失控时，继续控制，对这 20% 的控制能力进行巩固，且铺垫你承受 30% 的基础。

想想我们的日常生活，你生气时极力克制愤怒，但偶尔还是会失态暴吼几句，这就是典型的只控制住了一半的情绪。

我遇到这种情况时，基本不会再激怒当事人。他有控制情绪的意识，但能力目前还不够。

很多极端事件之所以会发生，也是其他人不会察言观色捕捉当事人的真实状态，从而火上浇油导致的悲剧。

只是一味地谴责别人情绪化，也是蛮横了点。情绪控制本就是一个循序渐进的过程，人家还在这个过程里，你就挑衅他承受超越自己能力范围的情绪控制，那若殃及你，你也不算无辜。

第二点，所谓情绪管理，一定不要非黑即白。

情绪管理不等于压抑情绪。而是需要情绪的时候能酝酿出，不需要情绪的时候能沉默。情绪过多或过少的人，都不算可爱。一味地压抑或放纵，都是被情绪操纵的表现。恰如其分，游刃有余，才是管理情绪的目的。

情绪是一把双刃剑，能带来祸患，也能带来幸福。提高情绪价值虽然不能所向披靡，但它的确具有一定的作用。

它或许没能让你收获一个白头到老的伴侣、一个真心相待的朋友，但你给予别人的情绪价值，多少会增加你受欢迎的程度。

虽然不一定敌得过现实撞击，如友情的考验，但从人际关系来讲，“受欢迎”这个程度已经很理想了。争夺可以让你收获，这是一种生活策略。但分享和给予也能让你收获，这同样是一种生活策略。

我想分享的是另一种并不矛盾且可以共存的生存法则：用“给”的方式达到“拿”的目的。

现在的人可能都遇到过不那么好的人，所以就觉得人性阴暗。你给了，指不定人家拿了也没反馈，那不是白给了吗？

我要如何让大家明白，人大多是不好不坏的？总用阴暗去定义人性，偏激了不说，还容易错过人性光辉带给你的惊喜。

我有一次在机场，正在吃零食，旁边的一个小妹妹一直看着我，我感觉她想吃，就主动拿了一包给她。

那一刻她很意外，很惊喜，她的眼睛里有感激的光。这件事过去好几年了，我都没忘。那光特别亮眼，让我的心为之一动。

我准备登机时，她不知道从哪里跑出来，递给了我一杯星巴克，说请我喝。

这是个人经历，不能作为大众的参考。我只是想说明一下，我给她的是情绪价值，她给我的也是情绪价值。

我之所以得到了她的回赠，是因为我先给了自己的。在这场互动中，我们都是受益者。如果最开始我没有选择主动，那么我留下的也就是一包零食和没有什么惊喜的候机经历。

后来在飞机上我一直在想，如果那一刻她的眼睛没有那么亮，也没有那一杯星巴克，拿了我的零食一声不响就走了，那我会不会从平静的情绪转化为糟糕的情绪呢？

或许会。但我又自我争辩，糟糕的情绪就毫无收获吗？最起码可以让我明白：我不具备辨人的眼光。

这不是发现了我的短板么？依旧有收获。还能让我反思，为什么要介怀一个路人的举动？

我越来越庆幸自己是个人，而不是狗、猫、鱼之类的动物。人有高于其他动物的智慧，智慧可以让一件普通的小事都能有如此多的衍生。

你改不掉的生活习惯在改变你

有一段时间，我的身体检查出问题。很感动不少人对我的关心，没有生命危险，也没有癌变。属于慢性病，需要天天用药，每半年复查一次，但并不影响我的正常生活。

也是因为这次生病，我下定决心改掉了伴随我多年的坏习惯。以前喜欢熬夜，迷恋夜晚的清净和独处。属于晚上睡不着，早上起不来的类型。

我还在上学时，就是班上最爱迟到的人。班主任为了治我，应该没少掉头发。有一次他说烦了，我也听烦了，直接说："我就是起不来，你说怎么办吧？"他当时应该是想掐我的，但体罚毕竟不是一个好老师的做法，于是他深呼吸好几口气才勉为其难地说："你尽量早来吧。"

我有一家公司，做与房产相关的业务，我依旧从未准时去上过班。

以前辞掉工作选择创业，也是源于实在受不了早起。没想到这个跟随我多年的坏习惯，却在疾病面前溃不成军。

拿到体检结果的第一天，我就强行调整了生活作息。开始特别不适应，晚上依旧睡不着，但不管睡几个小时，早上都要按时起床。坚持了大概半个月，我的作息习惯得到很大的改变。这是一件小事，但我做起来挺难的。

如今的我，每天按时吃饭，注重营养均衡。作为一个嘴馋的重庆人，我已经极少碰麻辣鲜香的火锅和烧烤了。

吃夜宵更像是上辈子的事情。早上工作完，会留半个小时下楼运动。下午六点到八点，也会运动两个小时。

我按照这种节奏，没有节食，二十天大概瘦了六斤。

最最主要的是，整个人都紧致了，精神了。

以前我很讨厌运动。第一，受不得累。第二，不喜欢流汗，巴不得每时每刻都清清爽爽的。后来发现运动会上瘾，暴汗后特爽——一个月前的我，是不相信的。以致到了生理期，没办法运动，每天都感觉少了点什么，一点也不自在。感觉没有运动的自己，仿佛犯了不可饶恕的罪。

相较于以前，我的确更喜欢现在。现在的人，大多数生活习惯都不太好，我们随时都面临着潜在的健康风险。高压力下的生存，让我们选择了更舒服但不一定是最利己的生活方式。

戒掉挺难的，但不戒掉以后可能更难。

瘦了几斤后，感觉自己站起来了，再也无法接受身材臃肿的自己。

身上多余的脂肪，都是我的敌人。愿望很朴实，就想漂漂亮亮地多活几年。

我制订了一个自我鞭策的生活标准，分享给大家参考一下，“堕落”很爽，但是一直“堕落”并不会让你一直爽。

第一，坚持美丽。

没有人可以定义怎样才算美丽。但臃肿的身材、浮躁的内心、千疮百孔的五脏六腑，肯定不是。

女人，要学会享受，护肤、运动都应该去尝试一下，因为坚持护肤和运动后，会带来美丽的升级。

第二，热爱，永远是我们坚持的缘由。

你可以热爱高山流水、沙漠草原、星空大海。人必然需要一定的精神寄托去应对凡尘俗事的纷乱嘈杂。

时间一视同仁，如果有可能，挤一挤吧，让自己多一些张扬的、浪漫的、激情的，或者安静的、内敛的、轻松的兴趣爱好。

我自己学的东西特别多，但都不精。兴趣只是为了服务于我。除了生存技能和关乎健康的事物外，我从不强迫自己要将兴趣爱好学透彻。

今天我想学钢琴，就去学了；不想去的时候，就不去。明天想学书法，也去学了；觉得没劲儿时，又不去了。

每当朋友提到什么爱好时，我都说会一点。她们以为我是谦虚，其实我是真的只会一点。

我们应该接受，不可能成为很多领域的顶尖高手。兴趣爱好的本质是开阔、分散、寄托。它是生存之上的附加性精神产物，其特点是灵活、自由、随性。

第三，善于发现，永远是我们动力的来源。

我是一个很懒的人，以前对很多事都提不起兴趣。总是原地打转，等待着周围事物来吸引我，我再出招。从未想过主动去发掘世间万物的美好。

意识到这一点后，我尝试打开自己的一切。以审视、判断、发掘的眼光再去看人间。我找到了很多以前被我忽视的美好。

原来小区保安亭里的爷爷，并不只是话多，人还很热情。你对他笑一笑，问个好，他能帮你把一大堆快递送上楼，走时还会问一句："垃圾要帮你扔吗？"

原来家里的阿姨，不仅会做饭，还会做手工。我跟她聊了聊，她就给我绣了一幅特别漂亮的十字绣。

就连我前段时间认识的一位男士，按照以前，我是懒得深入了解的。第一眼看他，感觉很一般。但我多看了几眼才发现，哎呀，很耐看呢，越看越好看！

第四，不要在错误的路上一直走下去。

有时候在错误或者说相对不那么正确的路上行走，也会短期或偶尔尝到甜头。比如，晚上睡不着，白天睡不醒，整天躺尸；且在胃无法负荷的情况下，肆意吃夜宵。

有位女读者每次恋爱都经历不好的人，我劝她"止损"，她说："如果是错误的选择，可我为什么会感受到快乐呢？能让我快乐的东西，不该是对的吗？”

如同毒品，会带给人短暂的快乐。可最会讨人欢心的，往往是魔鬼。

第五，不要过度沉迷于“钢铁”人设。

我见过很多女性，风格千姿百态。怎样都好，但有一点需要注意一下，不要过度沉迷于“钢铁”人设。

女性要自强，我们都知道，也在这么做。但有些女性颇有些为强而强，好像进入了“强”的人设，就出不来了。

我有个姐妹，事业上挺成功的。偶尔工作完，她完全可以出去娱乐一下。但她就是时刻将自己束缚在“工作机器”的位置上，她需要展示或表演，以求自己的“女强人”人设完整。

不只是她，我见过好多刻意营造忙碌与努力的女性，她们被“女强人”的标签所奴役，意识不到自己的精神正在被收割。

“好好生活”，这四个字每个人可能都说过。可好好生活真的很难，在经济社会里，在生活上想好好生活，你得有一份靠谱的工作、不错的收入，以及不会被社会所淘汰的能力。

在感情里想好好生活，你得了解怎么处理好两性关系，具有果断的魄力，以及面对输赢的勇气。

硬件条件是你好好生活的根本，这才是真正的因果关系。你要允许现实剥夺你的一些东西，克制并自我鞭策地生活，才会让你变得更好。

掌握好合作关系的步骤和关键，才是前程的起点

和谐度较高的合作关系，一定会满足道理的合理性、感情的合理度、利益分配的合理化。这是循序渐进的三步，最好不要搞乱。

很多人误以为关系建立，先抛出利益，必然万无一失。这种半吊子的招数，在如今这个社会，大家尽量别用。

这是一个可以保证温饱的时代，也就意味着最基本的果腹需求所带来的冲动与盲目会大大减少。

你拿出一个面包，让一个饿得快死的人去悬崖上采一朵花来换取面包，他很有可能会去。因为“果腹”的原始需求蒙蔽了他的理性判断。

但现在，你最开始就拿出利益，哪怕你说的是真的：“我们一起干什么，一年能赚两百万。”可能他心里想的是：“哪里来的骗子？”哪怕你们认识，如果不结合人心的特质去对三步进行排序，你最开始

给的利益越大，他的警惕性反而越高。

把感情放在第一步也不合理，这样容易模糊视线，以致看不透关系的核心。要按道理的合理性、感情的合理度、利益分配的合理化这样的步骤。

道理的合理性是指，我们为什么要一起创业？创业的目的是什么？为什么我们可以合作得很愉快？这三点对应的是我们合作的起因，我们的目标，我们能实现目标的原因。试着代入很多关系，这三点都能借鉴。

感情的合理度是指，我们是朋友，也是合伙人；我们讲利益，也讲感情。我们讲功劳，也讲过失。

完成了前两步，才能更好地铺垫第三步——利益，这时更适合谈利益分配的合理化，不需要再用过高的让利去赢得对方的信任。

把自己的道理融入对方的道理，把对方的感情拿在自己的手里，把自己的利益又放进对方的利益里——不失为一种把控关系的高段位方法。

掌握以下几点，能让你在合作关系中如鱼得水。

第一，明确谁才是你的领路人。

如果你想成为有钱人，就不要相信穷人的观点。如果你想要创业，就不要听取上班族的建议。

你想要继续读研，闺蜜建议你不要读。那你闺蜜读研了吗？如果没有，她的建议根本没有参考性。

想学跳舞，得找舞蹈老师；想学英语，得选英语老师；不知道一加一等于几，得去找能做对一加一等于几的人。没有歧视谁，而是提醒大家要找准目标。这年头，找不到目标，从而病急乱投医的人太多了。

不管你困惑什么，需要听从的声音是走过这些困惑的那群人，而不是听跟你走得亲近的那群人。不可否认，当你遇到难题时，亲朋好友的建议不会害你。但是，不会害你和能不能帮你，是两个概念。现实生活中有不少人真心为你好，也替你出谋划策。可情是情，事是事，必须得分开看待。

她自己的生活都一地鸡毛，却告诉你要如何过好日子；她自己的老公都管不住，却告诉你要如何留住男人的心。她的话，你也敢信?

第二，想要取得人心，得乘虚而入。

不知道大家发现没有，人到一个陌生的城市，很容易对第一个向自己示好的人产生好感；转学生到新学校，也容易对第一个借给自己橡皮的人产生亲近感；新员工入职，同样容易会对第一个关心自己的同事敞开心扉。

人对于陌生的环境有着不受控的紧张与忐忑，比在熟悉的环境里更容易被驯服。

某些在家乡蛮横的人，到了城市坐公交车都小心翼翼。再结合自身试想一下，你是一个人在自家楼下的大排档撸串放得开，还是独自一人在陌生的异国他乡的餐厅里用餐更放得开?

在自己熟悉的领域里，大家都有恃无恐，自信满满。一旦进入陌生的环境，不论是地理环境，还是工作氛围，抑或全新的人际关系网，大多数人的主权意识都会相对薄弱一些。

也就是说，这个时候的人，更温顺听话。由此可以看出，将别人引入他觉得陌生而你又熟悉、擅长的领域，很容易让他对你产生亲近感且激发对你的崇拜。

第三，包装自己的付出价值。

别人找你借钱，你也愿意借，但不能立刻答应：“可以，没问题。”而是要说：“最近我手头也紧，不过我会尽量替你想办法。某某还欠我一笔钱，我看看能不能要回来。”

很容易就办到的事情，没有难办的事情那么让人怀有感恩之心。就说电影吧，总是要加点曲折的故事情节才显得足够吸引人。

人情世故也是同样的道理，三分力气能办好的事情，包装成五分；八分力气能办好的事，包装成十分。碰到品性还行的人，那么对方记你的可是五分和十分的情。

不可否认，碰到品性不行的人，哪怕你费了九牛二虎之力，人家也不一定感恩。你不需要去质疑“包装”这个用词的精准度，而是应该检讨一下自己：为什么要帮助白眼狼？为什么不具备识别白眼狼的眼力？

这不是在利用帮助去套路别人，而是人心不可测，这些心眼其实是给自己加了一道保险。在受借条约束的情况下，再用情谊和道德进行双重捆绑，预防自己对他人的帮助换来对方的抵赖。

包装自己的付出价值，大家举一反三，多领域适用。

第四，演戏的人在明处，看戏的人在暗处。

很多人觉得自己离成功只是差一个机遇，可机遇到底是怎么来的？

巧合吗？根本就没有完全巧合的机遇。所有的巧合背后都是千丝万缕的因素汇集到一起，最终形成机遇。

也许你自己并不清楚，不论你成就高低，一定有人在暗处观望你。成就越高，观望的人数越多。

你需要时刻保持自己的专业、勤奋、聪慧、沉稳，以此静待时机，等那个看戏的人出现。

兵法有云："兵马未动，粮草先行。"很多人觉得自己没有遇到机遇，那是你根本不曾"有备而战"。在你不知道的暗处，也许观望的人走了一拨儿又一拨儿。

第五，让权和夺权。

权力，人人都想要，但什么时候该要、什么时候不该要，一定得拎清楚。

在你弱的时候，并不需要太多权力傍身。也就是说，这个时候的你更应该试着追随强者。弱者非要把权力抓在手里，但他的能力根本不能掌控手中的权力，那么他就是坏了一锅粥的老鼠屎。

什么时候夺权？在你强大之后。谁有能力谁掌舵，这才是利人又利己的正确方式。

第六，选择的意义在于提高。

你想换工作，如果下一份工作并不能更好，那么你这个选择就没有提高，也就等于无效选择。

辞职重新选择，那肯定是希望找一个优于前公司的工作啊！不然不是白折腾了吗？始终原地踏步，甚至是退步。没有提高的选择，便没有兴师动众的必要。

一般人在追求进步，不一般的人已经在追求一种进化。而进化总是夹杂着孤寂与苦涩的，基本上没有令人神清气爽的进化。

现在的女人每天都在喊着变强，我向来不喜欢形式主义的口号，也不认可懒洋洋的努力。一般来说，平时不怎么努力的人，偶尔努力一把，就觉得自己拼了命。

稍微有点成就与才华的人，往往很容易走入一个尴尬的地步。很多时候，他们仗着这点基础的累积，就以为自己看见了天地。

而生命中最难的阶段不是没人懂你，而是你不懂自己。怕就怕，愚蠢但不自知。

如果的确做不到，怎么办？那就脚踏实地地生活，减少欲望、野心，用最原始、缓慢的方式日复一日地累积。虽然说跌宕起伏的生活轰轰烈烈，但寻常的日子却足够平安。毕竟有些女人心里装的是小桥流水，有些女人内心沸腾着长江黄河。不存在哪种更好，皆是个人所求。愿前者细水长流，终生平和！愿后者乘风破浪，前程万里！

Chapter 05

第五章

人应该越活越像水，具有千变万化的流态

如果能够重来，
你可能还是会做那个让你“后悔”的决定

我收到过无数女性的来信，其中高频率出现的一个词就是“后悔”。

“不知道恋爱是什么滋味，二十岁就相亲结婚了，真后悔。”

“我好遗憾选择他做我的丈夫，家务是我的，孩子是我的，责任是我的，琐碎也是我的，唯独他不是我的。”

“那一年任性分手，几年了，忘不掉过去又无法重新开始，悔不当初。”

……

包括但不限于此。

后悔是大多伤心与愤怒的来源，很有必要去做一个象征性（也只能是象征性）的开解。你能释怀，最好不过；反之，能减少些许负面情绪也是好的。

“后悔”是人类最鸡肋的情绪。前年我就与“后悔”和解了，从那以后几乎没怎么发生过后悔给我带来负面情绪的情况。

是我每次都做对了选择吗？完全不是。就算做错了选择，后悔也很难长时间影响我。“如果能够重来”这句话对于感性者而言是逃脱不掉的深渊。无数次你被后悔笼罩时，它都能把你往遗憾的深渊里再推一步，不信自己好好想想。

“后悔”这个词本不应该出现在成人的字典里。你二十岁结婚，三十岁后悔嫁错了人。假设没有这十年，你回到了二十岁，再次做出同样选择的概率几乎是百分之百。

为什么？因为你还是十年前的你。

你曾经选择了爱情，放弃了事业。过了十年贫贱夫妻百事哀的日子后，你后悔了。可曾经的你要的只是爱情啊，若没有这段苦日子作为体验，需要爱情的你仍然还是会选择爱情。

长大后的人后悔学生时代没有用功读书，可如果现在删除他成年后的经历，让他重回校园，他不见得会做出改变。

因为选过、试过，才知道选择的好与坏。可重来便意味着你没有了这段经历，那判断自然也就消失了。带着记忆重来，那叫穿越，不会出现在现实中。所以，后悔是最没有意义的行为。不论是受他人影响、环境影响，还是其他五花八门的原因，你的每一个选择都是当时你最想或者只能做出的选择。

“重来”不过是重蹈覆辙。既然无法重来，只能带着经验与教训选择以后的生活。“后悔”的解说是为了想得开，“新生”的概念是让你放得下。没有前者，何来后者？

我从来不建议一个成年人面对任何不太理想的选择时便一刀切。丈夫不理想，离了。工作不如意，辞了。某段关系不和谐，弃了。

要知道，有些婚姻目前不能离，有些工作目前不能辞，有些关系目前丢不掉。虽然一刀切听起来很爽很帅很给力，能赢得那些过得不如意的人的大片掌声。可不具备实践意义的建议，又有什么用呢？

做个类比，我们把人生分为十个赛道，这个赛道没走好，目前怎么都走不好，如果死磕，只会浪费时间、消耗耐心，而且越失败越会丧失斗志。

怎么办？认输。承认自己婚姻的失败，接受曾经选择的失误，认可自己输给了那个忘不掉的他。只要你能暂时放弃对“好”的念想，那么便会大大降低“坏”对你造成的干扰。

说得形象点，你不再要求丈夫如初见般帅气，那你就不会纠结他现在的大肚腩和地中海。这可不是一种认命，它是成年人周期性的“投机取巧”和“移花接木”。不管手段如何，其目的都是让你挣脱死局。说白了，就是讲点谎话给自己听，放自己一条生路。

如果能遗弃就遗弃，如果不能便搁置这个失败的“赛道”，然后转向另一个“赛道”。你始终都打不好羽毛球，那就试试看能不能把乒乓球打好。可大多数人因为第一个“赛道”的失利，便一直卡在这个点上。惯性是非常可怕的，卡的时间久了就会让人真的认为自己也就这样了，连新生都懒得用力。

有些人有新生的念头，但没有重获新生的决心。于是十年如一日活得敷衍了事。重新跑一个“赛道”要拿到成绩可不是件容易的事，但另一个领域的成功可以削弱你在这一个“赛道”上的挫败感。

要知道，其实人生就是一个拆东墙补西墙的过程。你失恋了，但金钱可以补这面墙。你失业了，一个知心的爱人的到来又能减轻你的沮丧。谁的心里没几个伤口？谁的人生毫无破绽，处处都是赢家？除了鸡汤，小说都不敢这么写。带着主角光环的人，都还得在泥泞里滚几圈呢！

为什么我们一定要去开辟一个新的“赛道”？“投机取巧”和“移花接木”这两招是有时间效应的，过了这个时间，一切都会被打回原形，你再也没办法自欺欺人。

你可以用这些概念说服自己一个月，忽略丈夫的不顾家，但你无法一直说服自己，这就是所谓的有效期。必须有另外一面墙做实质性的补充，你才能真正地走出死局。

当两个、三个、四个、五个……赛道跑好后，第一个让你摔倒的赛道反而越来越无足轻重。你不再觉得那个忘不掉的人有多值得留念，也不再觉得这段不如意的婚姻有多值得去修复。

这一套流程走下来，每一步都有逻辑支撑及事实案例说明，所以可行性非常高。

某些人总是去诋毁那些过得比自己好的人：“他不就是会点手段，脸皮够厚心够大，无情无义又狠心吗？我没什么心机，脸皮也薄，心很小，装一个人就是一辈子。他虽然不好，但我也无法无情无义，因为我狠不下心。”你看，他们从来不会去琢磨为什么人家用着你主观鄙视的一切，却过得比你好多了。

个人认为，你这辈子追求爱情也好，事业也罢，家庭也行……都是无可厚非的。我不会认为你为爱情而活是没骨气，更不会认为你为孩子而活是没自我，同时也不会觉得你“嫁”给事业才算步入正轨。

只不过每种选择的代价不一样而已，比如倾注于爱情的风险系数更大，可只要作为当事人的你能接受，旁人又能说什么？我说喝牛奶更有营养，但你觉得碳酸饮料更好喝，我能强迫你选择牛奶吗？不能，唯一能做的就是提醒你，但无权否定你。

女性的崛起出现了一个病态的现象，全心全意奔事业的女人被捧得太高，而全心全意为家庭的女人又被贬得太低，过了也错了。

其实你追求自由，尽情尽兴，那也是自由的奴隶。追求个性，不拘一格，也是个性的奴隶。甚至你追求幸福，倾尽一切，不计成本，又何尝不是幸福的奴隶。

爱情、自由、金钱、名利、幸福……万般皆是欲，有欲便注定了“囚”的结局。不一样的是，主流文化更认可“自由”与“幸福”之类的“主人”罢了。

多年以后，沧海桑田，文化会越来越多元化，也必然会走上“有容乃大、海纳百川”之态。再回看今日“奴隶与奴隶间的鄙视链”，何其愚昧可笑！

说得太远了，言归正传。

我有个比较私人的生存标准：看人看事目光远些，遇人遇事肚量大些。三分狠毒（对人对己），用于抵御敌人和磨砺自己。三分薄凉（对过去对未来），用于割断对过往的纠缠不休，防止对未来的大失所望。最后留给自己两分私心，给那些不能广而告之的占有欲、控制欲等。再留两分善心，为人为己为天道。

这个分配比例我调整过很多次，最终认为这一搭配对普通人而言，最恰如其分。在乾坤之内，不会太毒，从而害了别人苦了自己；不会太冷，从而丢了心没了情；不会太坏，从而成为绝对的自私的人；也不会太好，从而成为极端的烂好人。

有些烦恼，睚眦必报不如一句“算了”

人的某些烦恼，纯属自找。

很多人常常嚷嚷着“我大概是遇不上真爱了”“遇到真爱的概率太低了”。

毫无批评你们的意思，咱们今天就像好友一样心平气和地聊一聊，看一看那些烦恼是不是自找的。

纵观大多数人，在你们现有的年纪里，一共才接触了几个异性对象。在这么几个人里，遇不到真爱，真不怪你。可能一共就三五个、七八个对象，遇不到真爱不是很正常嘛！邂逅佳偶的概率本来就取决于你所遇到的人数，这就是百分比的概念。

这些人很沮丧，又沮丧得很没有分寸感。

我一直认为人可以有负面情绪，但这个负面情绪必须对应足够的分量。也就是说，你的负面情绪得“师出有名”。

真爱活得长不长，你说了不算。但你要活得怎么样，你说了算。不要轻易为了甜言蜜语而折腰，否则显得你所需要的正面情绪价码不高。与此对应的是，也不要轻易为了负面情绪而低头，同样显得你的难过、愤怒、绝望，一文不值。

还有一些读者问，我年纪不小了，单身一人，长年累月下来，感觉很孤独。也有一些女性，虽已婚已育，夫妻关系也不差，但还是会孤独。

有人有钱，有人有貌，有人有才，有人有权……上帝唯独对孤独最大度，几乎人手一份。

面对孤独怎么办?

很多建议是，去读书，参加聚会，培养兴趣，发掘爱好……提出这些建议的人，本质上根本不懂孤独。

你吞噬孤独，或者让孤独吞噬你，其实都是一样的。接受孤独成为你的一部分，这是你在吞噬它。接受你成为孤独的一部分，这是它在吞噬你。

只要认可孤独，不管谁吞噬谁，效果都一样，都能在一定程度上释然。

在生活中，人人都会遇到糟心的事、糟心的人。我收到过不少这类来信：

“我要如何报复背叛我的恋人？”

“我要如何反击欺负过我的人？”

人有斗志是好事，够硬气也是好事。但我想说一些不太中听的话，希望这些很有斗志和硬气的人，可以冷静地听一听。

某些文章特别误导人，它们告诉你："都是第一次做人，我凭什么让着你？""你伤我一尺，我必还你一丈。"……

差不多就是这个论调。光脚的不怕穿鞋的，一般穿鞋的不会做鱼死网破的事，光脚的则毫无顾忌。

或许是我老了，也或许是我软了，我认为恰恰是因为你光着脚，更不应该无所顾忌。

那些穿鞋的，反而有的是机会跟光脚的斗一斗。但他们却没有，你一个连鞋都没有的人，就因为一句"有仇必报"而拼命，到时就不是有没有鞋的问题，而是有没有脚了。

我希望每个人都能够成熟些，成熟不是嘴上的口号，而是心胸的广博。

你是有多大的能耐与骄傲啊，一点亏都吃不得，一点辱都吞不下。你要真有足够的能耐，可能也不会吃亏上当了。

如果你被欺负了，承受了 50% 的损失，而你要报复，则需要付出 60% 的代价，那你就不应该去报复。

是，你会愤愤不平，但能吞下愤愤不平的人往往比不能吞下的人更未来可期。

"算了"，看似轻飘飘的两个字，但能说出来的人，都是成熟的人。

"有仇必报"从一个层面来说是干脆，从另一个层面来说是狭隘。我不是让大家当"缩头乌龟"，而是真真正正站在一个朋友的角度告诉你，人有些时候就是要忍让。

真不能为了一时的意气而像个孩子一样做出鱼死网破的事，在成年人的世界里，“同归于尽”这种词就不应该有。

兵法中的以逸待劳，才是一个成人正确的选择。

恕我直言，一个人如果能把这种被烂人欺负后不服输的劲头用到赚钱上，可能早就成功了。

念及前尘过往，放弃与选择同样重要

最近我参加了一场葬礼和一场婚礼。婚礼上，宾客满棚，大家喜笑颜开。葬礼上，来客寥寥，大家神色肃穆。新人的人生才开启，老人的人生已谢幕。

新人在台上说着自己对未来的畅想，失去丈夫的老妇人对悼念的亲朋好友述说着前尘和过往。

曾经我认为，人应该把自己放在未来，而不念前尘。却不知人在将死之际，估计想的全是前尘往事。而生者所能谈的，也只是过往。

这段时间我收到很多这样的来信，当事人没有问任何问题，只是如远方的朋友一般与我娓娓道来她的前尘过往。看多了这些信件，免不了会让人滋生出几分柔软。都说年岁越长，人越完整。我倒觉得，年岁越长，人越残缺。

这种残缺不是匮乏，而是成年人饱经风霜后只会留下的适合、有用又愿意要的东西。所以，成年人是不太完整的。

反观那些少不更事、还不曾丢弃和选择的孩子，他们比我们完整多了。

有位读者说，自己二十岁时糊里糊涂，三十岁时眼清目明，可到了四十岁却再度茫然。二十岁的自己天真烂漫，觉得万事美好。后来见过人心叵测，世事无常，多了几分保留与内敛。本以为这样的自己足够参透后半生，没想到四十岁却开始思考一个看似幼稚却十分严肃的问题：我到底该是个什么样的人？

我认为这位读者，论游刃有余，她差几分道行；论超然脱俗，她又缺几分洒脱。她觉得现在的自己说现实，又不现实；说清醒，但又迷茫；说成熟，似乎又很幼稚。

四十岁，好像活成了一个四不像。没有年轻时的朝气，也没有成熟后的大气。别别扭扭地卡在中间，不上不下。

看到她的来信，像看到了很多人的现状。这并不是一个特别糟糕的状态，甚至它是一个大多数人都有的状态。成长后的我们见识过人心和人性，它们美好也邪恶，阳光也阴暗，纯洁也浑浊。

偶尔我们的确会受不了自己或别人的邪恶、阴暗。想要彻底超然物外，却又被红尘拖住了脚步。大多数人不都这样嘛，入世的精明不够，出世的洒脱不足。

想翻云覆雨，但翻手时没有云，覆手时也没有雨。想活得不食人间烟火，但最终又离不开人间烟火。

关于这个问题，你应该也必须释然。一个成年人最终的样子并非你想象中的样子。

我们辗转于情、利、欲之间，见识着丑陋，博弈着狡诈，应付着虚伪。与此同时，也经历着怦然心动的美好。

你依然简单，但也复杂。你依然天真，但也沧桑。你仍旧会头脑发热，但也能三思而后行。

不好不坏，就是大多成年人的真实写照。

我印象比较深的几封来信，都是四五十岁的姐姐们的来信。第二位姐姐说，她经历了三次婚姻，至今孑然一身，觉得对感情已经绝望了。

她感慨爱情太难，婚姻也太难。需要两情相悦，还需要相敬如宾；需要举案齐眉，也需要风花雪月。

既要保证两个人之间的美好，又要杜绝第三个人的介入。很多人都做不到全部，因而很多人的婚姻都是残缺的。

情爱之路为什么难？不是难在当初的情义不够真，决心不够大，勇气不够足，而是难在人心的反复无常、欲望的沟壑难平。

很多人都有过相爱容易相守难的经历，从开始到结束，从期待到失望，从幻想到务实……慢慢地你会发现，心这种东西总是要碎几次的。

每一次心碎，其实都是我们的一次轮回。心碎时，你跌跌撞撞，浑浑噩噩，像极了去投生的游魂。先是经历鬼门关，再走过黄泉路，看过彼岸花，经过奈何桥，跨过忘川河，喝下孟婆汤，自然而然就入了轮回道。

可轮回也有六道出口，因果决定你会走哪个门，门后面的通道又决定着轮回后的你是什么人或不是人。

离婚后，重生的女人有很多，一蹶不振的女人也不少。有人爬出来了，有人跌下去了。看看爬出来的那些女人，没有一个是侥幸的。反观没有爬出来的女人，也没有一个是无辜的。一切皆有前因后果。

我允许自己伤心，但我不允许自己绝望。你痛哭流涕，你夜不能寐，你伤心欲绝，可你放眼看看，万里江山毫发无伤，人来人往没有影响。

世事总是有些欺负我们这些凡夫俗子，而且无解。

很多人以为掉入深渊后时间可以拉你上来。我记得葛婉仪写过一句话："时间救你于深渊，同时又将你推入新的深渊。"

我不想盲目安慰任何人时间可以治愈一切，而掩盖时间也能破坏一切。但这根本不是我们沮丧、悲戚的理由，活了几十岁了，真的要接受人生就是这样反复无常、好坏参半。

我这一年多一直在努力做一件事，就是让自己更幸福。回想曾经的三十几年，我好像并没有为幸福这种事而格外努力。对于感情，我的态度历来是姜太公钓鱼——愿者上钩。听起来洒脱，其实也有些不思进取。我有过念念不忘的爱人，但也从没为了挽留他而做出任何努力。我想过要一生一世的幸福，可我又懒得去寻觅。

现在很多人叫嚣着要独自一人走完生命长河。恕我直言，这样的人非常少。

年纪和阅历跟不上的人们，总是不太明白人间烟火气。一腔孤勇根本不能助你独闯一生，一两次失败的感情，心碎了一两次，就吵吵着要一个人过一辈子，怎么听都有些像小孩子在赌气。

平心而论，在未来的风雨兼程里，那些情爱的伤口裂痕根本不值一提。

我认识的一位姐姐，43 岁了，平时大家一起聊天也是口无遮拦的。她说，22 岁的女儿告诉自己，她这一辈子都不打算结婚了。

姐姐觉得，不结婚也没事，她支持。我听到后忍不住说："一个 22 岁的小姑娘，连婚姻是什么，人生是什么，一辈子是什么，都还没搞清楚。她说她不结婚，这种话你也当真？不修正孩子对婚姻的完整认知也就罢了，你还盲目鼓励？"

这些回复对年轻女孩很不负责，使其人格越来越扭曲，似乎不结婚成了一件特别了不起的事。好像二十出头的年纪能够为你的整个人生做主一样。要不要结婚应该建立在对婚姻的完整认知上，而不是仅参考片面认知。

小心那些呼声很高的“心智”陷阱

我经常给读者回信，大多数时候，当事人想要得到一些情感上的建议。但我经常写着写着，心里越发烦闷。看的来信越多越觉得我们女人，还有很多方面需要成长。

对于生活、成长、心智，我有一些个人心得想分享给大家。

第一，顾家、贤惠不应该被批评。

一个女人，尽情恋爱、享受美丽，不为哪个男人驻留，也不为哪段关系沉沦等，平心而论，这样的确比较洒脱。

在这样的对比下，那些安安分分过日子，顾家、贤惠又懂得付出的女性，都成了被批评的对象。有人就会说，你这么付出，这么顾家，不会有好下场。说得好像一个女人非得不付出，不顾家，才会有好下场。

我不认可这种自私自利的声音。就像在大城市打了两年工，见过一点世面后回到村子里，对那些同乡们张牙舞爪地说着在城市里收获的不算见识的见识。

一个女人只要足够聪明、大气，感性中又不失理性，那么她不管是顾家还是洒脱，都不会糟糕到哪里去。

顾家、贤惠、付出是多好的品质，怎么就成贬义词了？只要框架定位好，得失受得住，成败吃得消，你要做什么样的人，轮不到外人评论。

第二，什么都是浮云？

我总是劝很多情感失意的女读者们，好好工作，多多赚钱。不少人都回复我："车子、房子、金钱都是浮云，我今天买了一辆车，能高兴多久呢？买了一个包，又能快乐多久呢？物质就是一个无底洞，根本填不满。而且，它们带给我的快乐也是有时间效应的。"

不仅情感失意的女性这样说，很多"鸡汤"也在这样说，金钱欲望永无止境，总而言之，透露出一种"没必要去争去夺"的感觉。

我建议孤单的女性，可以去试试恋爱。她们同样会说："什么爱不爱，都是浮云，激情期一过，也就没快乐可言了。"

你觉得物质是浮云，没必要追求；感情也是浮云，同样没必要得到。我就想问问：什么不是浮云？

你不快乐，是因为你错在认为这些东西都是浮云。可不快乐其实是你错误地希望它们不该是浮云。

买车，本来就是刚提新车时最高兴。新衣服也是第一次穿时最快乐。赚钱，同样是刚赚到的那一刻最满足。这样的时间效应，本就是客观存在的。

金钱、爱情、喜好……哪一样不是浮云？

人是有寿命的，对于有时间限制的人生而言，没有什么东西不是浮云。你不能释怀，这也是浮云，那也是浮云，最终你自己也成了浮云。

总有些自以为是的智者在愚昧着大众，名利是浮云，求来无趣；地位是浮云，得到也无趣；追求快乐，才是最踏实的表现。

这些话动脑子想想，都能意识到愚昧。难道快乐就不是浮云吗？你今天吃到一顿美食，你很快乐。几天后，这种快乐就淡化甚至消失了。你去一个山清水秀的地方游玩，刚到那两天，你很开心。可玩了一个月，最初那种开心也淡化甚至消失了。

金钱如此，快乐也是如此，连健康和生命都会随着衰老而成为浮云。

有些道理听着没错，但就是特别空。你要学会判断，不要徒增怅然，否则这戏份就加得太多了。

人这一辈子，不是在得到，而是在经历。很多东西，本来就是短暂拥有。连奉为至高的亲情，父母与子女之间的缘分也有时间效应。前半生，我们相互给彼此快乐。后半生，活着的人就在承受着失去亲人的伤感。

浮云就是这种特质，你能怎么办？一点都不要？那你真是一点都不会有。

第三，不管人处在哪个阶段，大多不是一边倒的状态。

我们常常是一边快乐，一边悲伤；一边成功，一边失败；一边收获，一边失去。如此对立的东西，可以并存在人身上。你觉得快乐的人没有悲伤，这是错的；成功的人没有失败，这也是错的。

认清楚这一点，可以相对释怀类似于“事业成功的你，为什么感情那么不顺利？感情顺利的你，为什么事业那么糟糕？”之类的缺憾。

有一个口号叫“要么赢，要么输”，稍微有点生活感悟的人，都喊不出来这种不切实际的宣言。赢一些，输一些，才是常态。非赢即输，是非常不成熟的定义。这个概念在很多领域都可以用到。

你告诉一个男人，要么很爱我，要么就离开。可有时恰恰是，他爱你，但又没有那么爱你。女人何尝不是如此，我是有点嫌弃他，但也不至于放弃他。我是不太幸福，但也不至于要重来。

人这种生物并不极端，因而我们的决定也不会极端，导致我们最终得到的东西大多是介于中间地带的产物。

第四，基因论。

基因很神奇，使人的悟性、灵性分成了三六九等。但自然界又很公平，让我们每个人都有机会去重塑自己的悟性和灵性。

后天的重塑也受先天的影响，但这种影响通常达到顶级时才会凸显出来。也就是说，人与人之间拼到最后，拼的是天分和运气。

在顶级以下的阶段，天分差一点的人只要够努力也可以与天分好的人一较高下。

某些女性觉得自己对于感情拎不清、看不透、放不下，是因为自己不聪明、太多情、不理性，生来就没有其他人那么有觉悟。可自然界是公平的，它会给予每一个人机会去重塑自己。人家在外面增长见识，你整天在家里刷剧；人家在积极追求真爱，你就“嫁鸡随鸡，嫁狗随狗。”

这是其中一位女读者咨询的问题，“嫁鸡随鸡，嫁狗随狗”这句话我都忘记了，听她这么说才想起来。

人家都是条狗了，你堂堂一个人，还要去随一条狗？那你也太不拿自己当回事儿了。

经验从哪里来？就是从尝试里来的，经历少的女性，的确要吃一点亏。你与其责备自己是不是脑子不够用，还不如反思一下为什么你的经历那么少？

第五，如何讨另一半欢心？

很多女性读者咨询过，如何讨老公 / 男友欢心的话题。我基本没有写过，这类话题公开，会有很多人跳出来指手画脚：“活得也太卑微了，只要你足够优秀、有魅力、富有，还需要讨人欢心吗？”

讨另一半开心，似乎成了一个禁忌。女人就算什么都不干也能有爱你爱得死去活来的男人，这才是真命天子。

你什么都不干，人家眼瞎耳聋吗，会爱你爱得死去活来？你不懂点相处之术，谁爱你？爱你什么？爱你不会说话？不会聊天？爱抬杠？装清高？玩冷漠？真是想得美。

男女之间的感情，通常需要几个方面共同维系，才能沉淀下来并稳定。如能力上的认可、生活上的默契、困境中的互助，有风花雪月，也有柴米油盐，有肝胆相照，也有心有灵犀……

对女人的宠爱有一半是男人因为你的价值而主动给的，还有一半其实就是通过相处换来的。

优秀和魅力这种东西，不是用嘴巴说的。你工作上很优秀，不代表你的感情也很优秀。男女之间多一点讨对方欢心的小心思，可以让你们走入感情枯燥期的局面来得晚一点，慢一点。就算来了，也不至于那么糟糕。

不管是咨询如何讨丈夫欢心还是讨老婆欢心，都是一种好的现象，我们应该去支持。但跪舔和讨人欢心是两个概念。没有一种宠爱是通过跪舔而得来的，但讨人欢心可以。

这两年我经常提到一个词：心智的力量。

它有着超乎你想象的强悍，人与人之间的差别，抛开肉眼所见的不同，过得好的人永远都是心智成熟之辈。年轻人的快感来源于身体的搏斗，久经世故之人的快感都是智力上的博弈。

没有一个系统的方法可以帮助你拥有成熟的心智，它一定是日积月累下的滴水成河。所以你问我成熟的心智从何而来，我给不出具体的回答。

多元化的价值观，造就多元化的生活。有些女人要气吞天下的豪情万丈，有些女人要谈笑风生的玲珑剔透，还有一些女人要岁月静好的现世安稳，她们都挺好的。

我祝福你们在自己所求的领域里，慢慢变得开阔、广博，能看见彩虹和阳光，能扛下惊雷和骤雨，能辗转白昼与黑夜，能融合自然与天地。

这本就是女人应有的气质。

想要成事，
首先要合理规划自己的自尊心

我曾经开诚布公地讨论过女性价值。从生命本源来说，人与人之间价值同等，同样会遭遇天灾人祸、生老病死。可从社会价值、家庭价值、个人价值来看，人与人之间又不对等。

一些女性读者谴责我在“物化”她们。平心而论，我越来越讨厌女性张口闭口就说：“你在物化我们。”

三言两语就能联想到物化，未免过于矫情。任何话题的讨论，只要真实存在且将你当作一个人，再难听都不是物化。

人有自尊是好事，但自尊这个东西，应该恰如其分，多一分是自负，少一分是自卑。

为什么某些服务员总觉得自己低人一等？为什么某些家政人员不能向外人坦言自己的职业？为什么人家的一句无心之语，你都会觉得

是在轻视你？这正是多出来的自尊心在作祟。

社会专治各种不服，容不下你的矫情和内心戏。想要成事，首先就要合理规划自己的自尊心。

分享几点规则，没有美化，都建立在真实和现实之上，却又透着实干家们的雄心与热血。它们主要服务于女性朋友们的个人成长。

第一，审自己的时，度自己的势。

审时度势，人人都知道的一个词。可这个词的立足点部分人搞错了，它最应该建立在自己身上，而不是第三方。

无论你是开始一段感情，还是工作，抑或另一种生活，核心基点一定是你，最先审视的也一定是你。

在你 20 岁的时候，可能遇到了非常好的感情，但 20 岁在很大程度上不是我们最适合结婚的时势。“没有该结婚的年纪，只有该结婚的感情”，这句话漏洞百出，十分反智。阅历、认知，甚至包括情感经历等，没有体验过的年纪，都是不太适合婚姻的时势。

审时度势，到底是审什么时？个人的经历、能力、筹码、后路。度什么势？结合与自己即将发生关联的第三方人、事物或环境的特质、效应、反馈，举一反三。

第二，人与人之间，经不起对比。

什么是对比？她有奢侈品，你没有。她住两百平方米的大房子，你也没有。她在公司有话语权，你还是没有。

对比很容易引起自己的落差，落差会带来消极，消极会影响斗志。穷人不能跟富人比，没人疼的不能跟有人疼的比，没背景的不能跟有背景的比。

可在现实生活中，很多人会进行对比，甚至连她自己都不一定能意识到。

别人觉得工作太累，选择辞职。你工作太累，也选择辞职。却不知道人家辞职后，家里还有两栋楼的租金收入，而你连下个月的伙食费在哪都不知道。

别人心情不好，可以去巴黎、伦敦、罗马散心。而你家里出了事，想请几天假都难。

你学习别人的矫情，却不知道她可能除了矫情，根本就不需要操心什么。你学习别人的任性，却不清楚她可以不需要太懂事。

是的，每个人都有悲伤、痛苦、愤怒。可很抱歉，虽然同为人，但有些时候你并不能如其他人那样放任自己的悲伤、痛苦、愤怒。

规则是公平的，你的家庭及你自己花了多大的力气，便可以享多大的福。早点认清事实，早点努力奋斗！

第三，总觉得别人在骗你。

我不知道男人说“爱我”是真是假，会不会只是在骗我？我不知道上司说“重用我”是真是假，会不会只是方便压榨我？

不会判断，就等着说这些话的人自己来证实，太被动了。如何判断？第一步，先相信。

相信男人爱你，相信上司是要重用你。相信有两个好处。

第一个好处是因为你相信，所以对方才放松警惕，怀疑很容易打破表面的和平。和平若被打破，不利于你找到真相。

假设对方是假的，你的怀疑让他觉得没希望，主动放弃，但最终会把锅甩到你身上。

上司："我对你很失望，你总是怀疑我想要培养你的苦心。"

男人："我实在不知道怎么办，如果你对人的信任感这么低，那我们就结束。是你的怀疑，破坏了我们的关系。"

话语权始终在对方那里，但你才是真正的冤大头。不知真相的人，指不定以为全是你的问题，无形中破坏了你的个人形象。你想解释，但你没有证据。对人对事，可以保持怀疑，但不要随意暴露自己的怀疑。

这也衍生了"相信"的第二个好处，它是你最后漂亮的反击。这一点，放在最后解释。

判断的第二步，用他的话去验证他的真假。上司说重用你，等有一个升职的机会时，你不是被动地等他想起你，而是主动提交升职请求。如果你是被动的，他有很多理由搪塞你："你没来找我，我以为你并不需要这个职位，毕竟你的专业是什么什么。"

如同男人说："我以为你并不需要我去接送你，毕竟你那么独立要强，我又不太懂女人。"这个时候，他们比你还要委屈。你再一次吃了哑巴亏。

为什么说"相信"是你漂亮的反击？因为你相信，当他们做出的事情与说出的话截然相反时，你也可以痛彻心扉地反问："我那么信任你，而你只是在敷衍我。"

这时不要害怕扮演"吃亏者"的角色，吃亏能获得同情，同情可以让你与很多人站在同一条战线上。

被男人骗就不说了，该断就断。但在职场中，就算上司骗了你，也不太可能真的去质问他。就算不质问，你也是有收获的。

比如，你没上当；你没有被上司反将一军；表面和谐依然存在，说不定上司还反过来说场面话：没事，下次还有机会。而你心如明镜，面上大大方方地回道："没关系，我会继续努力。"

这时上司若还想用"重用"的理由来压榨你，也要掂量几分，万一你又提交升职请求呢？就算要压榨，他也要重新选择一个比你好骗的压榨。

这些保全，对于作为下属的你而言，已经够了。

第四，正确认识合理的商业活动行为。

首先，表达我的态度，我支持一切商业行为。在我眼里，商业代表便捷、进步、高效。

以前网络没有这么普及，大家看电视还是通过卫视。一集电视剧，中途会插播广告。不少人都讨厌广告。他们不知道的是，没有这些广告，就不会有电视剧，娱乐也就不会存在。商业推广，促成了娱乐。

现在网络普及，手机取代了电视。有些人要追剧，舍不得充会员，又要骂广告商。分文不出，享受娱乐资源，又谴责对方掉进钱眼里了。到底是谁掉进钱眼里了？

我出去旅游，从不骂景区商业。正因为商业，所以我们才能享受到便捷的交通和食宿。

有些人在网络上吐槽医生或者教师这些行业，只要不无私奉献，就是三观不正。

人家寒窗苦读多年，从本科到硕士再到博士，付出精力、时间、财力，人家也是上有老下有小，从事这些工作一样要养家糊口，你动不动就占据道德高地，要求对方无私奉献，这就是你的正三观？

我们要做的从来不是抵制商业活动，而是规范商业活动。抵制？怎么，怀念农耕时代啊？

说起商业活动，就想讲"买卖"二字。

世间很多东西，归根结底都是买卖。人生就是一个不断卖、不断买的过程。有些人"心高气傲"，接受不了这个概念，认为自己无价，成天念叨人品价值、性格价值、德行价值。倒不是不可以念叨，而是你也应该重视一下自己的商业价值。

每个人都应该在某些时候有自己就是一个"商品"的领悟，很大程度上可以让你在商业活动中保持清醒。

你的薪资，就是老板买断你商业价值的方式，自己就是"商品"，对方出得起价，我才入职。别打嘴仗，别放烟幕弹，货到付款，不接受赊账。这句话可用于很多领域。

并且在商业行为中，你不能把认识的每一个人都当成朋友。他可能是竞争对手、"故人"、渠道、资源，甚至还有可能是跳板、工具。

商业就是商业，容不下太多情绪、情感类的东西。这跟你是不是个好人，没什么关系。但商业可以有情怀，这是大局观的东西，是两个概念。

每个人都可以塑造两个世界观：一个是外部世界，一个是内部世界。

外部世界有多大，取决于你认识多少人，见过多少事。内部世界才是自己的，它不需要有很多东西，但全部都是你想要放进来的，不违心。

有两个世界的人，内外分清楚，便不会因为外部世界的那些言不由衷、不得已为之等，而变得沧桑或市侩。因为眼泪抵挡不了风雪，手里的盾牌比眼泪好用。

女人需要柔软，没必要随时随地保持坚硬。温柔是好东西，但那句话说得好“没有经历过浴血厮杀的温柔，终究是撑不起顶天立地的天真！”

将缺乏的安全感转化为赚钱的思维

有位姐妹留言说，每次想刺激自己赚钱时，她就会去旅行。

你花多少钱，就能享受多少的旅行服务。我不否定快乐有些时候跟钱没关系，但吃得好不好，住得好不好，旅行过程累不累，在很大程度上就是钱决定的。

女人百分之九十的安全感都是钱给的。

什么内心坚强、做事果断……要是没有金钱的仰仗，再厉害的女人，都像没牙的老虎或丢了武器的剑客。

总有人说，这个时代特别俗气，人人都在谈论金钱，生活的意义反而被抛掷脑后。到底是怎样的认知才会让这类人觉得，搞好经济和搞好生活只能二选一。似乎为钱奔波，就等于没有生活意义。

否定金钱的人，不可能会得到金钱的眷顾。没能耐把个体经济搞好的女人，更容易去钻“金钱渺小，快乐最大”的谬论空子。有能耐也有欲望把经济搞好的女人，这种说辞套不住她们。

有类女人的逻辑是，你跟她谈经济，她跟你谈生活；你跟她谈现实，她跟你谈爱情；你跟她讲人心，她跟你讲人情。

“人生苦短，何必要活得那么累？”这话大家都熟悉，也被很多人奉为至理名言，但其本质是“洗脑”。

人生苦短，七情六欲，竭尽全力，奋力一搏，为自己的生活而努力，这才是正道。

知足常乐的前提，是你不匮乏，不缺失。身无长物，连知足的基础都没有，何来常乐？

没有人会把生财之道手把手地教给你，要做什么项目，如何做，怎么赚钱。大家能分享的只是一种具备赚钱基础的思路，无一例外。

你要是没这些东西，给你一个好项目，你也玩不转。踏实点，一步一个脚印地走。

第一，谈一谈概率。

人的任何选择，都应该建立在成功的概率之上。你想快速脱单，建立稳定的情感关系，那就选择也有同样需求的男人，成功概率会更高；你想要毕业后能有一份好工作，那就考入重点大学，被好工作青睐的概率会更高；你想要赚钱，那就进入一个人人都想赚钱的圈子里，你被影响被激励的概率会更高。

很多人会质疑，就像读书，不一定是重点大学出来的人才有很强的工作能力，因而重点大学不重要。普通院校出来的人若最终飞黄腾达，这又更加弱化了环境的影响力。

但从数据上讲，你看看入职大企业的人，都是什么学历。看看那些耳熟能详的企业家，又都是毕业于哪个学校。做任何事之前，都要预判自己的成功概率，而不是以偏概全，忽视概率。

你今天看到一个唯美的爱情故事，男人女人都忘情投入，不假思索，不权衡利弊，最终过得十分幸福。你若认为如此对待感情，就可以了，是不妥的，因为你在赌低概率的事件。你可以为了这个故事而动容，这是你的柔情和感性。但你不能为了这个故事而改变自己的生存逻辑，这是你的思维和理性。

除了生死，人生根本没有板上钉钉的绝对。在前程、生活、情感面前，我们搏的本就是一个概率。可很多人，哪怕有 80% 的概率赢，也不会想到去搏一搏，反而因为那 20% 的失败率而放弃。

对于人生而言，万无一失这个词，本就十分理想化。你在跟这个世界较量的时候，接受得失，才能正确面对成败，从而避免成功后骄傲自满，以及失败后一蹶不振。

第二，人的成功，需要一定的原动力。

有些人是靠欲望，有些人是因为爱，若你没有欲望的驱动，也没有爱的鼓励，也算一种残酷的原动力。

做女人，要学会把万物用到极致。用悲惨的经历去诉苦，是蠢女人的行为。只有把这种经历当作你翻身的动力，才不算白白遭罪一回。

我这人做事有点反其道而行，决心搞事业，也是因为情感失败。开始是想证明自己没有他也能过得更好，更富有，可等时间一长，伤口的疼痛感弱化了，我发现自己想要“一雪前耻”的动力也弱了。

我就给自己“洗脑”，那段感情让我多痛苦、多委屈、多凄惨。怎么愤恨怎么来，不断地去放大自己的不甘与怒气。精气神这种东西，不是来源于外部，就是来源于内部。当内部不能持续输出时，你就得去外部获取能量。

若你年轻，会单一地认为爱才是能量。但当你不再年轻后，一定能明白，有时候的凤凰涅槃大多源于向死而生的经历。我用那段失败的感情，激励自己度过了创业最艰难的时期。之后，它彻底失去了用途，我也自然将它忘得一干二净。

不要担心自己强化悲惨经历，以此刺激自己，久而久之会形成心理阴影。成功利用悲惨经历过渡后，你的最高心智一定要拉出一条防线，隔绝那些你不再需要的过往。

此刻你必须质问自己：“过去，还配不配影响我？”记住，关键词是“配不配”。

有些感情失去后，我会很难过，不会佯装无所谓。因为那些人，真的配得上你用眼泪去怀念。对配得上的人或事，偶尔释放点思念，但又能控制好欲念，压根不算什么事儿。

第三，女人做事前，先收拾好自己。

改掉嘴碎、话多、八卦等毛病。学会聆听和沉默，适当发言。与此同时，你是出去赚钱，不是跟人斗殴，毕竟和气才能生财。

这世间，少有“空手套白狼”的发迹，作为初入名利场的小白，更不可能玩得转这一套手法。

那么，先学会付出，具备利他之心，才有可能让你站稳脚跟。

做事的人，有不同的气场。有些人一拉出来就畏首畏尾、斤斤计较，这样的人，成不了事。合作共赢这种事儿，高手都不会带他玩儿。

你应该明白人心险恶，尔虞我诈，这是你的警惕性。明白归明白，但不要把这一套总挂在嘴边，将“我是一个坏人”写在脸上。你努力表现得很有手段的样子，看起来很傻。

学会先付出，先利他，会不会被别人利用？想太多了。人一定要试着换位思考，假设你是一个老板或者合伙人，只要你脑子没问题，几乎不可能去得罪一个真正利己的人才。

这不是资源匮乏的年代，压榨早就不是财富积累的手段了，物尽其用才是。挖人，许诺高薪；找合作人，许诺分红。不仅如此，还要打好感情牌，才能留住人心。

所有的过河拆桥，基本源于你的价值只能停留在过河阶段，所以人家可以拆掉你这座桥。

退一步说，你的先行付出如果真的被利用了，你也得认。这就是名利场的风险。

你一无背景，二无资源，三无原始积累。吃亏，那不是很正常的事儿吗？有什么想不通的？格局要大些，须知“塞翁失马，焉知非福”。如果你想不通，那这一关你需要克服的是自己的玻璃心。一摔就碎的东西，承担不起一个人的远大前程。

第四，在名利场里，做事的目的是得到，而不是去装好人、扮清高、玩个性。

在得到的过程中，很多经历都是反人性的。而这些经历，是你搞事业过程中最难克服的。

你现在很穷，很需要这份工作，但同事排挤你，上司不重视你。你忽视自己的委屈、愤怒，乃至尊严，不断改变自己，迎合别人。这个融入的过程，就是在反你的人性。

我不太赞成年轻人将自我看得高于一切，年轻时没有什么自我，你所谓的自我，更多的是一种潮流。自我，一定是在血泪、风雨中最终沉淀下来的。

你现在履行的自我是什么？也许只是你不愿放下自己的面子，不愿去融入的架子，以及不真实投入社会的梦幻。你的自我是理想化的，翻来覆去都是让你短期舒服的东西，但不一定是能成就你的东西。

早期我听过这样一个观点，很多人在投入社会后，发现越来越没有自我了。比如，为了工作变得圆滑现实，不再有曾经的骄傲。

恕我直言，一切你能做出来的东西，都是你的自我。曾经没有经受过金钱考验的你，觉得视金钱如粪土是你的自我，当某天发现自己在金钱面前妥协，实际上妥协才是你的自我；面对困难，束手无策，卑微认命，这也是你的自我。不屈不挠反抗到底的自我，只是在你还没有经受社会毒打前自认为的自我。

更多时候，自我是人性的折射。因而，自我并不具备独特性。人性相通时，你会发现人与人之间的自我标准，如此相似。

动不动就谈自我的人，没什么自我，也不理解自我。我们这一生，都是在寻找自我。你的人生才开始，就把自我摸清楚了？

个人建议，自我这种东西，不要太早去建立标准。甚至，自我也可以裂变或更换。人在不同阶段的自我设定，绝对不同。对于变化属性的生物而言，固定就等于放弃了焕然一新、脱胎换骨的概率。

做个思辨，这变来变去的东西，怎么可以称之为自我呢？可我的自我，就是变化，这才是我唯一固定的东西。

Chapter 06
第六章

成长是见过人心，亦见过人性

女人越来越聪明的四个迹象

现在聪明的女人，越来越多了，这是极好的现象。每一位女性的进步，都会整体提高大环境里的女性地位。女性的聪明是有迹可循的，我分享一些自己的看法，大家可以参考一下。

第一，关于爱情这件事，智者也没有捷径可走。

有句话很火："智者不入爱河。"因为爱容易让人不理智，从而做出不利于自己的决定或选择。

对此，我有些不一样的看法。爱，究其根本是一种情绪。它就是由开心、喜欢、愤怒、伤心、委屈、嫉妒、怨恨等情绪汇合而成。哪怕你不追求爱，只要仍是具备情感基因的人类，一样会受这些情绪影响。跟你入不入爱河，没有直接关系。

解决失控问题的根本方法，是学会控制情绪，从而间接控制七情六欲。

如何能让自己控制好情绪？怕水的人，想要控制自己的恐水心理，首先就要下水。情绪这种东西，跟做手工一样，做多了，就熟练了。除了一些天赋异禀的人外，多数人都是反复经历情绪失控后，变得越来越理性的。只有先正面面对情绪，再接纳情绪，最后与情绪多次博弈而达成和解的人，才会对控制情绪这种事，说出个一二三来。

目前我未发现有捷径可走。我无数次提过女性要活得丰富，一些纸上谈兵的观点，只会让你与丰富背道而驰。

第二，了解一个人的痛苦，更能拉近两个人之间的距离。

人与人之间的浅层交往，如喜欢吃同样的食物，有共同的偶像，能一起逛街购物玩耍。

深层次的吸引，并不是能开心到一起，更多的是能难过到一起。换言之，我们想要进入一个人的世界，吸引到他，去体会对方的痛苦，会比一起吃喝玩乐更能拉近距离。这也算把控人性的一种。

也许有人会疑惑，不是说了解一个人的渴望，更能拉近距离吗？

一个人的渴望，往往就是他的痛苦由来。

你渴望金钱，那金钱其实就是能让你痛苦的东西；你渴望爱情，爱情同样是让你头疼的玩意儿；你渴望有一个温暖的家，那沿途所错过及错选的人和情感，就是让你悲伤的经历。若你能理解对方的痛苦，必然能顺藤摸瓜了解到他的渴望。

为什么一些男人可以让女人死心塌地？多数例子中，都不排除对方理解了女人的痛苦。而痛苦包括但不限于一个人曾经的失败、目前的寂寞、对未来的期许。

这一点，在各个领域都适用。希望你能保持有底线的操作。

第三，爱情不至死，你若要找死，就是你自甘堕落。

在生活中的人际相处，如友情和爱情，一切要以轻松为主。

我理解，任何关系都需要磨合。但选择了不适合的人，磨合越久，矛盾也就越多。

一个正确的选择，往往会让人赢在起跑线上。多少防患于未然，都是选择在起作用。也许你很懂如何经营关系，坏的关系在你手上也能处理得很好。但你不能否认，这个过程会让你付出很多精力、心思，以及承受很多委屈、悲伤。两个人相互磨合的过程，是极为疲惫的。

难就难在，多数女性在做选择时是糊涂的。让她们理性思考，她们会抱怨，这样的话，感情还有纯粹可言吗？未曾精算过的关系，适不适合，完全看运气。

想要做主自己人生的女性很多，但关键时刻，她们总是把决定权交给了他人。

第四，不尝风霜的女性，何来风情？

不是每个女人都有大富大贵的机会与能力。如今我们处在时代巨变中，你若关注社会，多少会有察觉。

女性必须从根本上意识到，我们真的不能只依靠男人了。自己的钱要自己赚。要有技能傍身，能多学点是点。

没有任何学习不需要成本，也没有任何学习可以保证你学完就能立刻变现。但这不是你懒惰的理由，该学还是得学。

平心而论，男性的生存压力也非常大。女性要收起一些矫情了，请不要用满足你情绪价值的理由，去压榨对方过多的精力和时间。也请做妻子的理解丈夫的疲惫与焦虑，甚至偶尔的失态。不要再上升到他不爱我，没必要过下去的地步。

不论男女，若有幸与对方成为一家人，彼此没原则性错误，那请珍视及深爱你的妻子或丈夫。这世间，没有人不需要家。

家，需要用心、用情、用理、用利去守护。夫妻俩的劲儿得往一处使。当然，这些建议只适合家庭较为和谐的人，那些明显矛盾不能调和的，该“止损”还是要及时“止损”啊！

谁不想做风情万种的女人？但目前仅我所了解的女性，往往是风情与风霜共存。

如何成为一个有能力的人？

要想成为一个有能力的女人，需要具备哪些能力？以下看法只是我个人建议，拿走对自己有用的即可。

我很不能理解，为什么某些连基本生活都保障不了的姑娘，还有精力天天问我：

“他不爱我，我该怎么办？”

“他不回信息了，我该怎么办？”

“他嫌弃我工资低，我该怎么办？”

……

包括但不限于此！二十岁的你，所有关注点都在爱情上，我觉得情有可原。可如果你三十已过，还一门心思只想着爱情，我觉得你很不成熟。

三十岁是一个上有老可能下有小的年纪，为人女为人母的身份，也不允许你把所有精力都花在情情爱爱里。

爱情是女人的一块糖，但如果你把它当成救命稻草，那这块糖的味道会变得很苦。

风花雪月填不满一个女人的生命及生活需求。你还需要一套安身立命的房子、一辆陪你走南闯北的汽车、一份让你立足于世的事业、一些让你面对时代浪潮的生存技能。

所以，要想成为一个有能力的女人，需要具备以下几个能力。

第一，合理地培养自己的欲望。

赚钱是需要欲望来支撑的！我们都知道钱是好的，但很难赚，所以不是每个人都能迎难而上。很多“鸡汤”天天喊口号：“只有努力才能体现人生价值。”

有用吗？大家一听就去努力赚钱了吗？没用，打鸡血的时间一过，该怎么样还是怎么样。实在点，如果你不安于现状，就给自己制定一个实际点的目标。

比如，你要买一套舒适的房子，你要一辆代步车，你要实现周游世界的理想，你要父母晚年老有所依等。

这些欲望都是与真实经历和个人情感挂钩的，更能激发人的原动力。我非常喜欢奋斗，但曾经的自己没什么奋斗的动力。

于是我开始把自己拿去与别人对比。有句话说：“不要攀比，你要赢的只是自己。”每次听到这句话我都想笑，如果你一无是处，有什么值得赢的？要赢自己很难吗？

所以，如果你处在一个想要奋斗的阶段，那你一定要设置一个标杆。就像老师经常跟小学生说，要向成绩好的同学看齐。可为什么成年后，我们遵循这种简单的逻辑，就成了肤浅的攀比呢?

还有一句话叫：“比上不足，比下有余。”这句话是对的。但如果你要培养赚钱的能力，就暂时把这句话收起来。

等你某天有了成就，但又始终超越不了别人时，再把这句话拿出来安慰自己，以免影响自己的奋斗激情，从此一蹶不振。

其实，思维是非常有弹性的东西。不同的阶段采用不同的思维方式，才是灵活的生存方法。

第二，记住自己是个女人，忘记自己是个女人。

女人在社会中有性别优势，也有性别劣势。所以从全局来看，其实社会是公平的。你占了便宜的同时，也会吃一些亏。

比如，你现在要竞争一个岗位，这个岗位非常适合女性。那么这个时候，你要谨记自己是个女人，从而将性别优势发挥到极致。

举两个简单的例子，如应聘前台就打扮得漂亮、干练些，应聘保姆就表现得温柔、细心点，聪明人知道融会贯通、举一反三，这里就不多说了。

再说另一个场景，你在某公司就职，长期如男同事一样全国各地出差，上班也是早出晚归，从体力上来说，你输给了男性，影响了你的工作质量。

而这个时候，你要忘记自己是个女人，你没有任何优势。只有你忽略掉性别上的差异，你才不会觉得做女人很辛苦，这份工作让你很委屈。

怎么做到这一点？硬扛。别觉得心酸，要哭也等熬过去之后再哭。在关键时刻，眼泪是最无用的东西，也最拖后腿。

你承受过 100% 的压力后，再承受 50% 的压力就会觉得轻松。想要无坚不摧，前提是跳进“火炉”重塑自己。坚强不是喊喊口号而已。

第三，学会做加法，再选择性做减法。

有段时间网络上特别推崇“极简生活”，有些人天天在朋友圈转发。

总有那么一群人，连核心思想都没有抓住就开始跟风照学。

做减法的前提是做过加法，什么都得到的人才可以选择一点点地减去世俗累赘。

你还在担心房租的钱从哪里来，信用卡的还款日期快到了，你做减法？怎么减？从零开始减，得负数啊？

我一直认为，得到过的人才有资格说放弃，从来没有拥有过，你谈什么放弃？放弃什么？

女人前半生做加法，一点点累积自己的学识、见识、能力、人脉、资源、财富、地位……

当某天，你所拥有的反而成为累赘的时候，你可以选择性丢掉生活中的一些东西、去掉生活中的一些繁文缛节、减少一些面子上的社交……

可如果你并没有做好加法，不满意单位的某个同事，想去掉这些交集；不喜欢公司的氛围，不想参加集体活动；不想跟烦人的上司交流，想减少这种互动，就会很难。

这也不是一个根基不稳的人该干的事，不满意、不喜欢、不愿意，就可以任性吗？结果很有可能是同事孤立你，上司冷落你。在整个公司里，你孤立无援。

这点人际关系都不去应付，是家里有钱还是能力已达巅峰无人可及，因此有恃无恐？要知道，这些人际关系是你必须要处理好的。

换一个公司，依然可能会存在这样的问题。你躲不掉，只能找到一个让自己不太难受的方法去应付。

社交本来就分为有用社交和无用社交，无用社交意义不大，但它处在你的工作圈内，你得花时间去应付，这叫作“身不由己”。

也许有人觉得这样生活并不会开心，我也承认。

可现实是，一个人逐渐走向成熟最先经历的其实是痛苦，面对社会里的笑里藏刀、爱情里的无疾而终、友情里的分道扬镳，无须介怀，迎头而上即可。

第四，先自问，再提问。

我发现很多人遇见问题，最开始问的不是自己，而是别人。比如，恋人出轨了，我该怎么办？问他人是最省力也最不费脑的一种方式，可脑子这个东西，就得多用，越用越灵活。

思考可以锻炼一个人的逻辑力、判断力、情绪自控力，以及从主观到客观的转化能力。前面三点大家应该都很清楚，说下最后一点。

从主观的角度去分析一个问题是很难得到精准结论的，就好比很多人看文章，只会用主观的态度，转变不到客观角度，所以只要不合他的观点，他就觉得你三观不正，危言耸听。

而一个优秀的人，会培养自己换位思考的能力。不管你是做销售，还是做管理，换位思考都是一项非常实用的技能。

举个例子：为什么你没有订单？极有可能是你的视角仅从销售角度出发，你没有产品视角、客户视角、市场视角。这也是为什么读同一篇文章有人收获满满，有人却一无所获。

回到主题，当遇见问题，先自问：我该怎么办？

给大家分享一下逻辑：你现在有可能被辞退，你问自己该怎么办。首先理清楚，你为什么被辞？找到原因后，去弥补自己的不足。分析出弥补的难度及关键人物，同时做好失败的准备。

一点点地顺藤摸瓜，遇到问题才不至于方寸大乱。

虽然说不懂就要问，但职场不是学校，老师喜欢爱提问的学生，但老板不会喜欢问题很多的员工。为什么？因为老师收的是学费，老板发的是工资，一个进钱，一个出钱。

如果真的不懂，那么最好的提问方式是："老板，关于这个问题，我分析了三种可能性，调研了各个年龄层的客户……但始终没有得到更好的方案，请您指教一下。"

先抛出你为工作所做的准备，恰到好处地表达出你是思考后没有得出结论才求教，这比一上来就提问好很多。

不仅对老板，对同事也是如此。相信大家也不喜欢有一点小事就问自己的人吧？不动脑，有事就求教，干脆工作也帮你做，工资也替你领，好不好？

你是什么样的人就走什么样的路，不是每个姑娘都野心勃勃。也许她们的毕生梦想就是找个好男人，结婚生子，生儿育女。

强行建议她们雷厉风行，拼搏职场，若她们不愿意或做不到，就是没本事、没出息。这副武断的嘴脸也很难看，要尊重不同人的选择。

每个人都需要软硬两种生存技能，这里讲的是软技能。至于硬技能，就不多说了，做翻译就多练习口语，写作就多读书多经历。软性思维不可缺，可实实在在的真本事也得有。

在这个新时代，女人的未来也可以拥有无限可能。

心智成熟的女性的择偶标准

近来收到很多读者的来信，写信的读者肯定是遇上了各种各样的糟心事。要是生活顺风顺水，也不会给我写信。这我完全理解，可我不能理解的是，对于成年人而言，到底是什么事才能称之为糟心事？

小孩子看到大人做个鬼脸，可能会被吓哭；走路颤巍一下，估计都会怕。但成人去判断糟心事的起点，不应该这么低。

同事今天向你翻个白眼，你糟心了；孩子今天顶了一下嘴，你糟心了；老公今天没吃你做的饭菜，你糟心了；婆婆今天说了句重话，你糟心了。

你怎么那么喜欢糟心？

同为女性，我非常理解女性偶尔的情绪化。但你毕竟不是公主，生活中的一切都没有义务对你众星捧月。

来信中，关于婚姻的问题也不少。男人是你选的，人也是你自愿嫁的，以前眼光不好，如今过得不顺畅，说到底，你也不是完全没有责任。

多数男人，在婚前就已经暴露了很多足以影响婚姻质量的缺点。只是女人被爱情蒙蔽，看不出男人的伪装和掩饰。其实，一般智商和情商，以及演技的男人，根本玩不转所谓的伪装和掩饰。

那女人在择偶时或与男性相处时，到底需要注意些什么，才能相对避免在婚姻和恋爱中成为工具。

有段时间我进入了一个误区，认为总是提醒女性要如何自保、自强、判断、分析，是将女性放在弱势群体的位置上。

然而当这个心境过去后，我可以十分肯定，当各方信息都在向女性权益靠拢时，恰恰是女性觉醒及自强的进步性表现。

封建社会，是女性全然被男性奴役的年代，上到社会下至家庭，不太可能会爆出女性权益受损的事件，更不会如此普遍地谈及与女性权益有关的话题。

现在，我为女性择偶时或与男性相处时需要注意的事项而提出的建议，并不是在弱化你，反而是在强化你。当然，我也并不会因为个别男性的暴戾，就呼吁不婚不育保平安，那不是在保护你，而是在误导你。让你一竿子打翻一船人，彻底断绝两性关系，是在弱化你心智的无限可能。让你试着判断、识别、分析，保持冷静、理性、客观，是在激发你心智的无限可能。

多数女性在择偶及与男性相处中，都有自己的逻辑。我分享一下个人认为比较合理的标准，仅供参考。

第一，也许你此刻不漂亮、不富有、不聪明、不能干，在你客观评价自己时，也切莫否定自己。

人有一种心理，发现自己的优势后，会不由自主地抬高自己；在发现自己的劣势后，又情不自禁地否定自己。这两种心态，都有弊端；前者容易让人膨胀，后者容易让人自卑。

我从来都支持女性接受事实，且仅限于接受事实。你长得矮，这是事实，需要客观认识到这一点。但不意味着，你还要去衍生一些“矮等于残废和丑陋”的负面认知。

你很优秀，这是事实，也需要客观认识这一点。但同样不意味着，你要再去衍生一些“优秀意味着我可以任性、霸道、自私、为所欲为”的认知。

接受各种事实后，人最难能可贵的姿态是保持平静。与此同时，劣势和优势是相对的。在不同视角下看，劣势可能是优势，优势也会变成劣势。

举个例子，部分女性有过姐弟恋的经历，由于主流标准的干预，似乎年纪大的那一方处于劣势地位。

弟弟会介意你年纪大，难道你就不会介意弟弟年纪小吗？

从两人衰老的速度来讲，年纪大的你不占优势。但从人生阅历来讲，初生牛犊的弟弟不占优势。

更成熟的做法是，你接受年纪大的事实。与此同时，也要抛出对方年纪小所带来的问题，比如资历尚浅、经验不足。不然年纪小的那一方，以及他的亲朋好友，总以为他是吃亏的那一个，你是占便宜的那一个。

不要总等着别人将你放在平等的位置上，若天平歪了，就自己去扶正它。

第二，不管是单身还是非单身的女性，生活的关注点都不应该成天停留在男人身上。

一个身心健康的正常女性，思想和身体里的正负能量一定是平衡的。如果你的负能量大于正能量，首先就要说服或者强制自己冷静下来。然后从内到外地给自己做个大检查，找到多出来的那些负能量，弄清到底是什么，为何产生，如何摒弃。

人会无可避免地产生一些负能量，比如亲人去世。但有的人也会没事找事地主动去承包别人的负能量。听到女人被男人辜负的故事，就自动代入自己，认为男人没一个好东西；见到一段美好的情感最终走向陌路，又自动给自己加戏；谁创业成功了，但最后又失败了，再看看自己目前的事业，则郁闷起来：我这份工作，又能维持多久？人类有一种情感，叫作代入感。但人之所以是高等生物，就源于我们在不断突破心智的极限。

虽然代入感是人之常情，但若此刻这种代入感并不利于你呈现更好的状态，你需要抛弃它、抑制它，而不是以人之常情作为借口。

没有经过心智审核的人之常情，更多的是人的情绪在泛滥。若你的正能量远远超过负能量，也不太理想，容易盲目乐观、自信、积极。

我在生活中见过很多自称正能量爆棚的人，若细心观察一下就会发现，一个人若莫名其妙有很多正能量，他大概是活得十分不切实际的理想主义者。

负能量在一定程度上，是悲观的。而悲观最大的好处是克制、平静、审视，以及减少盲目乐观、自信、积极，以求平衡。

为什么要尽量保持正负能量的平衡？若负能量多，会逐渐吞噬正能量，让你成为彻头彻尾的悲观者；若正能量多，也会慢慢吞噬负能量，让你成为货真价实的愣头青。

与此同时，正负能量偶尔会失衡是正常的。在某个阶段，正能量大于负能量，或负能量大于正能量，都不会出现吞噬对方的大问题。

只要它们长期相互拉锯、制衡，就是正负能量的良性循环。不要总认为负能量是很坏的东西，我见过很多在负能量中受刺激后奋发图强的人。

越成熟越应该明白，世间万物都是相对的，也是矛盾的。

一个女性最高级别的心智，是心灵上的无限可能。

决定你人生际遇的想法和做法

人生无外乎两个重要的基础：第一是会想，第二是会做。想，要想得到、想得全、想得通。做，也是如此。

我经常收到类似于这样的留言：想不到，也做不到，但又要过得更好，应该怎么办？我都没法回答，实话是“没办法，认命吧”。

在当今社会，安慰是非常普世的一种社交手段。仔细想想我们听过的每一句安慰的话，多少都带着点虚假的成分。类似于：不要难过，你被甩是他没眼光，不是你不好。

这样的安慰，很多人都愿意去相信。可相信这类安慰的人却不太明白：既然我这么好，为什么兜兜转转好几年了，都遇不上珍惜我的人呢？不可能每个人都没眼光吧！

所以，不恰当且不分情况地安慰是“慢刀子杀人”。一个敢说，一个敢信。这篇文章就是分享“如何想”及“如何做”。所以进入主题：

第一，脑子是过滤器。

这是一个信息量爆炸的社会，前段时间我在一个视频里看到这样的说辞，“旺夫女人的五大特征：一是微胖；二是脾气暴躁，但心地善良；三是急性子；四是说话声音特别大；五是心软。”

这个视频我之所以能记到现在，是因为下面有超过一万条的留言，转发量也大到惊人。且留言一面倒：说得太对了，我就是这样。

我看了四五遍视频，怎么都无法联想到，这些特质跟是否旺夫有什么关系？稍微留心一点就能发现，这样的现象并不是个例。这类女性的问题在哪？是脑子里没装“过滤器”。

她们与第三方信息（信息包括但不限于语言、消息、人……）的关系是这样的：知道，然后接收或拒绝。压根没有至关重要的思考过程，所以她们很容易接收自己愿意接受的，拒绝自己不愿意接受的，不论对错、好坏、真假、有用、无用……

无知，就是如此形成的。

例如，你实事求是地告诉一个女生：你之所以失败，真的是因为你无能。十个有八个都无法接受，这对“个人对于信息的包容度、分析度及自我接受度”的要求非常高。

我们应该形成一个思维惯性：获取信息，分析信息，思考信息，最终决定信息。不论你是遇到一个工作机会，还是一个情感机会。在情感信息中，很多人都习惯说感性上头，哪来理智？感性为很多愚蠢之人背了不必要的锅，反正做了蠢事都推给感性。

让你把所有信息过过脑子，这跟感性有什么关系？还是你们觉得感性就是什么都不用想，连最基本的过滤功能都可以不要。

如此曲解感性，我都替它委屈。

第二，思辨思维。

获取信息，分析信息，思考信息，最终决定信息，这是我们应该养成的一个思维惯性。

其中，如何分析与思考？可以通过思辨思维来解决。下面举例说明。

1. 一个女人为了婚姻和谐而改变自己，而不是试图改变男人。

在她改变的那段时间，不要求丈夫必须把拖鞋放鞋柜，上完洗手间必须盖上马桶盖。也不要求自己做饭，他就要洗碗；自己拖地，他就得擦桌。

婚姻的确和谐了不少，可女人的行为算不算一种妥协呢？当然算。但从另一个角度看，为了全局稳定，这算不算一种大局观？也算。

可什么才是真正的大局观？长时间的你好我好大家好。但连短期的大局都稳不住，又如何迎来长期稳定呢？

可若用一些并不算太好的方式，短期稳定大局，是否会影响长期布局？如果影响，那短期之内除了这个方案，还能用什么方案呢？

2. 你是不错的女性，一个男人说很喜欢你，非你不娶。他年纪不算小，待遇不算好，成就更是不高。那他会喜欢不错的你，这很合情合理。

可条件悬殊下的喜欢，含金量会高吗？会纯吗？就算条件相当，含金量也不一定高，目的也不一定纯啊！

他的确有可能喜欢你这个人本身，以及你的条件。前者容易接受，后者不容易接受。可为什么后者不能接受呢？条件也是自己的。

因为害怕为利而来的人，也会为利而走。可真的有杜绝“利”的方法吗？如果有，我有几分运气、实力、时间……可以遇见呢？

就算遇见，我又如何能保证开始他不重利，日后也同样不会重利？既然如此，我又为什么非要跟“利”较劲？如果不较劲，我该怎么正确认识它与情感之间的关系？

这两个例子，写了一个大概，都是在不停地做思辨思维。例子不重要，重要的是里面的思维转变。在两个及以上的假设中，不停地反驳，从而牵扯出更多的问题。

顺藤摸瓜的问题越多，最终越无可反驳，摸无可摸时，留下来的那个答案就是目前你能找到的最佳答案，或者说最适合你的答案。

所谓分析与思考，不是一个空泛的名词，而是得落到实处的动词。如何落实？参考以上举例。

当两个及以上的选项出现时，很难有百分百的选项，我们只能选取百分比最高的答案，选择是建立在概率之上的。与此同时，从情绪上说服自己不要再纠结那些百分比低的选项。

虽然在这种严谨、务实、半客观半主观的层层解剖之下，有可能大大降低错误的概率，但并不能完全杜绝。

在兵法中有个概念，叫“数胜而亡”。大概意思是说，一方屡屡胜利，没有败绩的情况下，反而会迎来灭亡。

胜利会带来很多东西，其中就包括自大、骄纵、盲目等，一个从来都没有做错过判断的人，这时就是他最容易判断错误的时候。一些无可避免的失败，反而可以保持个人的均衡与警惕。

第三，理论和情感应该高度统一。

在我的文章里经常看到这样的评论：我觉得都是对的，但我就是做不到。

这就是理论认知和情感倾向没有统一，理论上接受，但情感上过不了。明明知道正确，但又抗拒。明明知道错误，但又想它是正确的。

这样的人，容易走入无可奈何或者不了了之的心境。在理论和情感相碰撞时，我们到底是该以理论为先，还是以情感为先？这没有标准答案，但我们可以借鉴一个标准：通过利弊进行取舍。

为了更形象，还是用女性朋友们感受颇深的两性领域举例：他不是个理想的结婚对象，这是得出的客观理论；但情感上，你就是放不下他。

那么这时，是因为客观理论而放弃情感难受，还是因为个人情感而放弃客观理论难受？

这就是私人化的决定了。如果因情感而忽视事实，说到底也不过是一个愿打一个愿挨，自己都觉得没问题，旁人也没必要过度强调理论，显得多事。

至于结果好不好，当事人自己能承受就好。

当然，决定也不需要始终如一。不少人都是边决定边分析。错了，就修正。总体来说，多走了一程弯路，不影响总体方向。那就偶尔走走弯路吧，也不是什么坏事。

我们只能尽可能地往理论和情感统一的方向靠拢，也必须允许某些情况下的分庭抗礼。不允许也没办法，存在即合理。

如何达到理论与情感的高度统一？

很大因素来源于丰富的阅历。情感倾向源于小范围的私人领域，理论则是源于大范围的社会领域。后者需要阅历去铺垫，纵观大多抗拒客观理论的人，基本都是在私人领域里折腾，很少在社会领域中活动。这直接决定他们，从理智判断上认可客观的理论，但因为没有货真价实地实践过这些理论，在相信的同时也保持着抗拒。

想要两者高度统一，个人的社会阅历必须跟上，它无形中会修正你的情感倾向。不断在矛盾、调和、融洽中达到大方向上的统一。